CHEZ LE MÊME ÉDITEUR

- Dictionnaire technique du pétrole.
  Anglais/Français, Français/Anglais.
  Dictionary of Petroleum Technology.
  English/French, French/English.
  M. MOUREAU et G. BRACE

- Lexique des pipelines à terre et en mer.
  Anglais/Français, Français/Anglais.
  Glossary of Onshore and Offshore Pipelines.
  English/French, French/English.

- Gravimétrie appliquée aux recherches structurales et à la prospection pétrolière et minière.
  J. SCHOEFFLER

- Les appareillages numériques d'acquisition des données sismiques.
  M. PIEUCHOT

- Corps sédimentaires. Exemples sismiques et diagraphiques.
  Chambre Syndicale de la Recherche et de la Production du Pétrole et du Gaz Naturel. Comité des Techniciens.

- Méthodes sismiques.
  M. LAVERGNE

Chambre Syndicale de la Recherche
et de la Production du Pétrole et du Gaz Naturel
Comité des Techniciens
Commission Documentation
Commission Exploration

French Oil and Gas Industry Association
Technical Committee
Exploration Commission
Documentation Commission

dictionnaire de prospection sismique

ANGLAIS-FRANÇAIS
FRANÇAIS-ANGLAIS

dictionary of seismic prospecting

ENGLISH-FRENCH
FRENCH-ENGLISH

1987

ÉDITIONS TECHNIP 27 RUE GINOUX 75737 PARIS Cédex 15

ISBN 2-7108-0527-8

liste des auteurs principaux
list of principal authors

M. DUBESSET
Institut Français du Pétrole (IFP)

G. GRAU
Institut Français du Pétrole (IFP)

M.F. GUILLAUME
Total Compagnie Française des Pétroles (Total CFP)

A. LAMER
Institut Français du Pétrole, Ecole Nationale Supérieure du Pétrole et des Moteurs (IFP-ENSPM)

O. LEENHARDT
Institut des Sciences de la Terre – Alger (USTHB-Alger)

M. MOUREAU
Institut Français du Pétrole (IFP)

J. ROUSSEAU
Compagnie Française de Prospection Sismique (CFPS)

J. VIALLIX
Société Nationale Elf Aquitaine – Production (SNEA-P)

G. BRACE
Institut Français du Pétrole (IFP)

Ont aussi collaboré à cet ouvrage :
Also assisting with this book were:

M. ARNOULD, *Chambre Syndicale de la Recherche et de la Production du Pétrole et du Gaz Naturel (CSRPPGN)*
J.E. BERTHON, *Total Compagnie Française des Pétroles (Total CFP)*
P. BOT, *Total Compagnie Française des Pétroles (Total CFP)*
H. CHOPPIN DE JANVRY, *Total Compagnie Française des Pétroles (Total CFP)*
C. DADOU, *Total Compagnie Française des Pétroles (Total CFP)*
J. LAHERRÈRE, *Total Compagnie Française des Pétroles (Total CFP)*
J. LIROU, *Total Compagnie Française des Pétroles (Total CFP)*
H. MITRANI, *Total Compagnie Française des Pétroles (Total CFP)*
N. McNAUGHTON, *Triton France*
A. NERCESSIAN, *Institut de Physique du Globe*

M. PIEUCHOT, *Compagnie Générale de Géophysique (CGG)*
W. PILLET, *Compagnie Générale de Géophysique (CGG)*
G. SEVADJIAN, *Institut Français du Pétrole (IFP)*
R. TAUPIN, *Compagnie Générale de Géophysique (CGG)*
A. WINSTANLEY, *Société Française des Pétroles BP (SF-BP).*

Secrétariat technique :
Technical secretariat:

L. ESCOFFIER, *Institut Français du Pétrole (IFP).*

Ce dictionnaire a été réalisé sur VAX à l'aide du logiciel INGRES spécialement aménagé par V. DELATRE, *Institut Français du Pétrole (IFP).*

This dictionary was processed on a VAX with INGRES software specially organized by V. DELATRE, Institut Français du Pétrole (IFP).

avant-propos

Cet ouvrage couvre le vocabulaire lié aux opérations de prospection sismique. Il contient plus de 4 000 termes relatifs à la sismique et aux domaines voisins : géologie, sismologie, océanologie, topographie et informatique.

Le vocabulaire anglais a été sélectionné principalement à partir de l'**Encyclopedic Dictionary of Exploration Geophysics** compiled by R.E. SHERIFF et pour les domaines connexes dans le **Glossary of Geology** de l'*American Geological Institute.* Pour le vocabulaire français, ont été surtout utilisés la **Géophysique appliquée, Dictionnaire et plan d'étude** de P. CHAPEL et le **Dictionnaire de Géologie** de A. FOUCAULT et J.F. RAOULT. Mais de nombreux ouvrages de référence ont également été consultés et il n'est pas possible de les citer tous.

Le vocabulaire utilisé dans les textes de prospection sismique, ouvrages et articles, a également été retenu quand il avait une certaine fréquence d'apparition. L'interrogation des bases de données spécialisées dans ce domaine a permis une appréciation générale du vocabulaire utilisé ; les termes trop éphémères n'ont pas été conservés.

Quand il existe pour désigner certaines notions des synonymes ou quasi-synonymes, dont l'utilisation dépend à la fois du contexte et des habitudes individuelles, un seul d'entre eux a été généralement retenu dans la construction des mots composés afin d'éviter une trop grande redondance au niveau de combinaisons dont la construction est évidente. C'est à l'utilisateur de cet ouvrage de recomposer la construction qui lui conviendra le mieux. Quand la commission veut privilégier un de ces synonymes, elle l'indique : pour l'anglais **section, coupe** sera l'équivalent français à utiliser, et son synonyme **section** – qu'on ne peut ignorer puisqu'il est utilisé par certains auteurs français – aura une note : *improprement utilisé pour coupe.*

La création néologique reste faible, le vocabulaire français étant suffisamment riche pour qui le connaît bien. Cependant quelques termes déjà admis dans le vocabulaire des techniciens sont ici légitimés ; par exemple le verbe **muter** dans le sens de rendre muet et ses dérivés **mute** (à prononcer comme **jute**) et **mutage** qui viennent en droite ligne du latin *mutus* ont finalement été préférés à l'ancien français *amuïr.*

Des équivalents français ont été systématiquement recherchés et, sauf rares exceptions, trouvés aux termes anglais réputés intraduisibles en français. On a ainsi donné au technicien le moyen d'éviter de remplacer des mots français, parfaitement explicites et intelligibles de tous, par des mots anglais dont seuls les spécialistes peuvent pénétrer le sens ; le moyen aussi d'éviter le piège des faux amis, qui détournent le sens des mots français et qui, loin de constituer l'ébauche d'un langage spécialisé international, sont sources de malentendus.

Les abréviations les plus communes figurent à côté de leur forme développée et en entrée séparée.

Les dénominations commerciales et acronymes que l'on trouve le plus fréquemment figurent également dans le dictionnaire, mais les noms d'équipement ou de procédés tombant en désuétude n'ont pas été retenus.

Enfin, figurent les quelques mots familièrement employés sur les chantiers : **sismo, déto, tir au pigeon**, etc.

Le classement est l'ordre alphabétique des mots, les mots composés suivant directement le mot simple qui les compose en premier :

(Angl.) filter
- filter correction
- filter panel
- filter response curve
- filter slope

filtering

(Fran.) écart
- écart d'indicatrice
- écart de correction de zone altérée
- écart moyen
- écart quadratique
- écart-type

écartement.

preface

This dictionary covers the terminology linked to seismic prospecting operations. It contains more than 4000 terms relating to seismic and to allied fields such as geology, seismology, oceanology, topography and applied data processing.

The English vocabulary has mainly been taken from the **Encyclopedic Dictionary of Exploration Geophysics** compiled by R. E. SHERIFF and, for allied fields, from the **Glossary of Geology**, second edition, published by the *American Geological Institute*. For the French vocabulary, great use was made of **Géophysique appliquée, Dictionnaire et plan d'étude** by P. CHAPEL, and of **Dictionnaire de Géologie** by A. FOUCAULT and J.F. RAOULT. A number of other references were also used, and it is not possible to cite all of them.

The vocabulary used in texts, books and articles on seismic prospecting has also been included when it showed some frequency of appearance. Databases specializing in this field were queried to gain a general assessment of the vocabulary used. Terms with insufficient frequency of use are not included.

Whenever possible, to designate some synonymous or quasi-synonymous concepts whose use depends on both the context and individual habits, only one term has generally been chosen in the construction of compound terms so as to avoid excessive redundancy in combinations having an obvious construction. It is up to the user of this dictionary to recompose the construction that best suits him. When the compiling committee wanted to give preference to one of these synonyms, this is indicated. For the English term **section**, the French term **coupe** is the one to be used, and its synonym **section** – which cannot be left out because it is used by some French authors – will be accompanied by the note : "*improperly used for coupe.*"

The creation of neologisms is slight because the French vocabulary is sufficiently rich for someone who knows it well enough. However, a few terms already included in the vocabulary used by specialists are recognized here. For example, the verb **muter** in the sense of making something mute, and its derivatives **mute** and **mutage**, which come directly from the Latin *mutus*, have finally been preferred to the old French term *amuïr*.

Several English equivalents have also been proposed when no such term exists to reflect the French term. For example, for the term **vibrosismique**, a method found only to date under the trade name **Vibroseis**, we have proposed the term **vibroseismic method**.

The most common abbreviations are given beside their form written out in full and as separate entries.

Tradenames and acronyms that occur most frequently are also included in the dictionary, but names of equipment or processes that are becoming obsolete have not been included.

For French adjectives, when there is a difference between the masculine and feminine forms, both forms are given side by side.

Lastly, there are also various familiar and colloquial expressions used in the profession: bug, jug, doodlebugger, turkey shoot, etc.

The terms are listed in alphabetical order, with compound terms following directly after the single word from which the compound terms are derived :

(Eng.) filter
    filter correction
    filter panel
    filter response curve
    filter slope
  filtering

(Fr.) écart
    écart d'indicatrice
    écart de correction de zone altérée
    écart moyen
    écart quadratique
    écart-type
  écartement

anglais/français

a

a-c bias recording – enregistrement avec prémagnétisation.

A/D (analog-to-digital) – A/N (analogique-numérique).
A/D converter: CAN (convertisseur analogique-numérique).

aberration – aberration.

abnormal – anormal, anormale.
abnormal events: événements anormaux *(tout ce qui n'est pas réflexion)*.
abnormal pressure: pression anormale.

abnormally high pressure – pression anormale, surcompression.

absorption – absorption.

abyssal – abyssal.
abyssal plain: plaine abyssale.

acceleration factor – gradient de vitesse.

accelerometer – accéléromètre.

acceptance test – essai de réception, recette.

access – accès.
access time: temps d'accès.

accretional prism – prisme d'accrétion.

accuracy – exactitude *(qualité d'un résultat de mesure, voir aussi precision)*, justesse, précision.

ACF (autocorrelation function) – FAC (fonction d'autocorrélation).

acoustic – acoustique.
acoustic basement: socle acoustique, socle sismique.
acoustic coupler: coupleur acoustique.

acoustic impedance: impédance acoustique.
acoustic-impedance section: coupe d'impédance acoustique.
acoustic log: diagraphie acoustique.
acoustic positioning: positionnement acoustique.
acoustic traveltime: durée de trajet acoustique.
acoustic-velocity log (AVL): diagraphie de vitesse.
acoustic wave: onde acoustique.

active – actif, active.
active beacon: balise active.
active filter: filtre actif.
active line: brin actif.
active section: brin actif, élément actif *(flûte active)*.

acute – aigu, aiguë.

adaptative – adaptatif, adaptative.
adaptative deconvolution: déconvolution adaptative.
adaptative processing: traitement adaptatif.

adder – additionneur.

additive primary colors – couleurs primaires additives.

address – adresse.
address space: encombrement en mémoire.

adjustment fault – faille de compensation.

admittance – admittance.

aelotropy – anisotropie.

aerated layer – zone altérée *(voir aussi low-velocity layer, LVL)*.

AFC (automatic frequency control) – stabilisation automatique de fréquence.

aftershock – réplique *(d'un séisme)*.

AGC (automatic gain control) – CAG (commande automatique de gain).

aim (to) – viser.

air – air.
air drilling: forage à l'air.
air gun: canon à air.
air shooting: tir en l'air.
air wave: onde aérienne, onde de choc.

Airy phase – phase d'Airy.

algorithm – algorithme.

alias – alias, fréquence repliée, reflet.
alias filter: filtre antialias.

alias (to) – aliaser.

aliasing – aliasage, repliement *(du spectre)*.

alidade – alidade.

alignment, alinement – alignement.

all-ones tape – bande de uns.

allocate (to) – allouer, réserver *(de la place en mémoire)*.

alluvial – alluvial, alluviale.
alluvial cone: cône de déjection.
alluvial deposit: alluvions.

alteration – altération.

altitude – altitude.

ALU (arithmetic logic unit) – UAL (unité arithmétique et logique).

AM (amplitude modulation) – modulation d'amplitude.

ambient noise – bruit ambiant, bruit naturel.

ambiguity – ambiguïté.

ammeter – ampèremètre.

amplifier – amplificateur.

amplify (to) – amplifier.

amplitude – amplitude, module *(spectre)*.
amplitude anomaly: anomalie d'amplitude.
amplitude distortion: distorsion d'amplitude.
amplitude equalization: égalisation d'amplitude.
amplitude log: diagraphie d'amplitude.
amplitude modulation (AM): modulation d'amplitude.
amplitude recovery: récupération d'amplitude, restitution d'amplitude.
amplitude spectrum: spectre d'amplitude.

analog – analogique.
analog computer: calculateur analogique.
analog filter: filtre analogique.
analog modeling: modélique analogique, modélisation analogique.
analog tape format: format de bande analogique, mode d'enregistrement analogique.

analog-to-digital (A/D): analogique à numérique.
analog-to-digital converter: convertisseur analogique-numérique (CAN).

analysis – analyse, étude.

analytic signal – signal analytique.

anamorphosis – affinité, anamorphose.

AND gate – porte ET.

anelasticity – anélasticité.

angle – angle.
angle of approach: angle d'approche *(angle d'émergence)*.
angle of emergence: angle d'émergence.
angle of incidence: angle d'incidence.
angle right: angle à droite *(mesuré dans le sens des aiguilles d'une montre)*.

angular – angulaire.
angular distance: distance angulaire.
angular frequency: fréquence angulaire, pulsation.
angular unconformity: discordance angulaire.

anisotropy – anisotropie.
anisotropy coefficient: coefficient d'anisotropie.

anomaly – anomalie.

antenna – antenne.
antenna offset: correction d'antenne *(sismique marine)*.

antialias filter – filtre antialias, filtre antireflet *(voir aussi alias)*.

antiaveraging – antimoyenne.

anticipation function – fonction d'anticipation.

anticlinal trap – piège anticlinal.

anticline – anticlinal.

antifilter – filtre inverse *(déconvolution)*.

antiformal syncline – faux anticlinal.

antithetic fault – faille antithétique, faille en retour.

AP (array processor) – processeur matriciel.

aperture – fenêtre *(traitement)*, ouverture *(traitement)*.
aperture time: temps d'ouverture, temps de réaction *(d'une porte ou d'un circuit)*.
aperture width: largeur d'ouverture.

aplanatic surface – surface aplanétique.

apodizing function – fonction d'apodisation.

apparatus – appareil.

apparent – apparent, apparente.
apparent dip: pendage apparent.
apparent polarity: polarité apparente.
apparent velocity: vitesse apparente.
apparent-velocity filtering: filtrage en vitesse apparente.
apparent wavelength: longueur d'onde apparente.
apparent wavenumber: nombre d'onde apparent.

applied geophysics – prospection géophysique.

appraisal well – puits d'évaluation.

approximated – approché, approchée.

Aquaflex – Aquaflex *(dénomination commerciale d'une source sismique marine).*

Aquapulse – Aquapulse *(dénomination commerciale d'une source sismique marine).*

Aquaseis – Aquaseis *(dénomination commerciale d'une source sismique marine).*

arc shooting – tir en arc.

Arcer – Arcer *(dénomination commerciale d'un étinceleur).*

arch – arche.

area – plage, surface, zone.

areal – deux dimensions (à), surface (en).

arenite – arénite.

argillite – argilite.

argument – argument *(math.)*, paramètre *(inform.)*.

arithmetic logic unit (ALU) – unité arithmétique et logique (UAL).

armoring – blindage.

array – antenne (de source ou de récepteur), arrangement, dispositif *(de sismos ou de sources)*, groupement.
array forming: simulation de dispositif.
array length: longueur du dispositif.

array processor (AP): processeur matriciel.
array station: station composite.

arrival – arrivée.
arrival time: temps d'arrivée.

arrow – flèche.
arrow plot: diagramme de fléchettes, planche à clous.

aseismic – parasismique *(protection)*.

aspect ratio – rapport d'anamorphose.

assembler – assembleur.

assembly – montage.

asthenosphere – asthénosphère.

asymmetry – asymétrie.

asynchronous – asynchrone.
asynchronous I/O: entrée-sortie asynchrone.
asynchronous protocol: protocole asynchrone.
asynchronous system: système asynchrone.

attack time – constante de temps de compression.

attenuation – atténuation.
attenuation contrast: contraste d'atténuation.
attenuation factor: facteur d'atténuation.

attenuator – atténuateur.

attitude – assiette *(à utiliser de préférence à attitude)*, orientation.

attribute – caractère.

audio- – audio- *(préfixe)*.
audio-frequency: fréquence acoustique, fréquence audible.

auger – tarière.

autocollimated ray – rayon autocollimé, rayon en autocollimation.

autoconvolution – autoconvolution.

autocorrelation – autocorrélation.
autocorrelation function (ACF): fonction d'autocorrélation (FAC).
autocorrelation pulse: impulsion d'autocorrélation, ondelette d'autocorrélation.

autocorrelogram – autocorrélogramme.

autocovariance – autocovariance.

autofire – auto-allumage *(source sismique)*, auto-amorçage.

autoignition – auto-allumage.

automatic – automatique.
automatic control: commande automatique.
automatic frequency control (AFC): stabilisation automatique de fréquence.
automatic gain control (AGC): commande automatique de gain (CAG) *(improprement contrôle automatique de gain)*.

autoregressive – autorégressif, autorégressive.
autoregressive process: processus autorégressif.
autoregressive series: série autorégressive.

Autotape – Autotape *(dénomination commerciale d'un système de radiopositionnement)*.

autumnal equinox – équinoxe d'automne.

auxiliary storage – mémoire auxiliaire.

AVC (automatic volume control) – CAV (commande automatique de volume).

average – moyen, moyenne, moyenne *(n.f.)*.
average velocity: vitesse moyenne.

averaging – moyenne.

azimuth – azimut.

azimuthal projection – projection azimutale.

b

back reef – récif interne.

back-to-back – en succession, ininterrompu, ininterrompue.

back up (to) – doubler, sauvegarder.

background noise – bruit de fond.

backscattering – rétrodiffusion.

backsight – visée arrière, visée inverse.

backthrust – rétrochevauchement *(géol.)*.

backup – sauvegarde, secours (de).

Backus filter – filtre de Backus *(filtre inverse)*.

backward – arrière (en).
backward branch: branche arrière *(diffraction)*.
backward prediction: prédiction arrière.

balance (to) – équilibrer.
balance (to) a section: équilibrer une coupe *(le gain d')*, homogénéiser une coupe.
balance (to) a survey: compenser *(topog.)*, fermer un cheminement *(topog.)*.

balanced – équilibré, équilibrée.
balanced cross-section: coupe compensée, coupe restaurée.
balanced input: entrée équilibrée.

band – bande *(spectre)*.
band-limited function: fonction à bande limitée.
band-pass: passe-bande.
band-pass filter: filtre passe-bande.
band-reject filter: filtre coupe-bande.

bandwidth – bande passante, largeur de bande.

bang – émission sismique.

bank – banc.

bar – barre, cordon, flèche.

bar – bar *(unité de pression)*.

barite, barytes – barytine *(sulfate de baryum)*.

barium hydroxide – baryte *(improprement utilisé pour sulfate de baryum)*, hydroxyde de baryum.

barker word – sonal *(indicatif d'une émission radio)*.

base – base.
base leveling: égalisation statique, égalisation trace entière.
base map: fond de carte.
base of the low-velocity layer: base de la couche altérée.
base of weathering: base de la couche altérée.
base station: station de base, station de référence.

baselap – recouvrement de base sur discordance.

baseline – ligne de base.
baseline extension: prolongement de la base *(topog.)*.

basement – socle.

basin – bassin *(géol.)*.

batch processing – traitement par lots.

bathymetry – bathymétrie.

baud – baud.

bay cable – câble dormant, flûte de fond.

BCD (binary-coded decimal) – DCB (décimal codé en binaire).

beacon – balise.

beam – faisceau, lobe.
beam pointing: filtrage en vitesse apparente.
beam steering: recherche de directivité, sommation oblique.

beamwidth – ouverture du lobe.

bearing – gisement, orientation, relèvement.

beat – battement.

Beaufort wind scale – échelle de Beaufort *(de la force du vent)*.

bed – banc, couche, lit.
bed of nails: matrice de diracs pondérés, planche à clous.

bedding – couche, litage, stratification.

bedrock – bon sol, rocher *(travaux publics)*.

bench – banc.

benchmark – repère de nivellement *(topog.)*, tests de qualité *(informatique)*.

bender – hydrophone à flexion.

benthic – benthique.

bentonite – bentonite.

Betsy – Betsy *(dénomination commerciale d'une source sismique)*.

BHC (borehole compensated) – effet (à) de trou compensé.
BHC acoustilog: BHC acoustilog *(dénomination commerciale d'une diagraphie à effet de trou compensé)*.
BHC sonic log: BHC sonic log *(dénomination commerciale d'une diagraphie à effet de trou compensé)*.

BHT (bottomhole temperature) – température de fond de trou.

bias – biais *(statistique)*, dérive *(traitement du signal)*, liseré *(d'une trace galva)*, tare *(informatique)*, tension de polarisation.
bias recording: enregistrement avec tension de polarisation.

bid – enchère, offre, soumission.

bilateral – bilatéral, bilatérale.

bin – case, pavé.

binary – binaire.
binary digit: bit, élément binaire.
binary gain (BG): gain binaire (ou gain à variation binaire).
binary gain amplifier: amplificateur à gain binaire.
binary-gain control: commande binaire du gain, gain binaire (commande de).
binary numeration: numération binaire.

bird – poisson, régulateur d'immersion.
bird-dog: contrôleur d'entrepreneur *(représentant de la société qui a retenu les services de l'équipe géophysique))*, contrôleur de mission *(surveillant l'exécution des travaux)*.

bistable multivibrator – circuit électronique bistable.

bit – bit *(élément binaire)*.
bit density: densité d'information *(sur bande magnétique)*.
bit shift: décalage binaire.

black box – boîte noire.

blank – blanc *(informatique)*.

blank (to) – mettre à zéro.

blast – déflagration, détonation, explosion.

blaster – boîte de tir.

blasting – tir.
blasting box: boîte de tir.
blasting cap: amorce, détonateur.

blastphone – capteur d'onde aérienne.

blind – aveugle.
blind zone: zone aveugle, zone d'ombre, zone sourde.

block – bloc.
block diagram: bloc-diagramme, schéma synoptique, synoptique *(n.m.)*.
block structures: tectonique cassante.

blow up (to) – agrandir, diverger *(math.)*, éclater.

blowout – débourrage, éruption.

board – carte *(électronique)*, planche.

bobtail(ed) crew – équipe (sismique) à contrat sans lendemain.

body wave – onde de volume.

bomb – bombe.

boom – tangon *(servant à dériver les sources marines)*.

Boomer – Boomer *(dénomination commerciale d'une source sismique marine)*.

booster – charge-relais, primaire *(explosif)*.

boot – gaine.

boot (to) – amorcer (un programme), gainer.

bootstrap program – programme-amorce.

borehole – puits, sondage, trou *(puits en cours d'exécution)*.
borehole compensated (BHC): compensé d'effet de trou.
borehole effect: effet de puits, effet de trou.
borehole survey: sismique de puits.

BOT (beginning of tape) marker – MDB (marque de début de bande).

bottom – fond.
bottom lock: asservissement sur le fond *(sonar Doppler)*.
bottom mode: mode d'asservissement au fond.
bottom-simulation reflection (BSR): réflexion simulant le fond de la mer.

bottomhole – fond (de).

bottomset bed – couche basale.

bound water – eau de rétention, eau liée.

boundary – limite.
boundary condition: condition aux limites, frontière (condition).
boundary-value problem: problème aux limites.
boundary wave: onde d'interface *(notamment onde de surface)*.

bow tie – caustique, image-temps d'un synclinal pincé.

box – boîte.
box fold: pli coffré.

boxcar – créneau *(fonction)*.

bpi – bits par pouce.

brachistochrone – brachistochrone.

braided – anastomosé, anastomosée.

branch – branche *(d'une réflexion)*, branchement *(informatique)*, débranchement *(informatique)*.
branch line: ligne de jonction *(intersection entre deux plans de chevauchement)*.

break – arrivée, interruption.

breaking strength – limite de rupture.

breakpoint – pause.

breakthrough – percée.

bridle – bride *(de touage)*, connexion en parallèle, enregistrement en parallèle.

bright spot – point brillant.

broadside – déport latéral (avec) *(sismique)*, latéral, latérale, travers (par le) *(marine)*.

broomstick charge – charge longue en hélice.

brute stack – coupe-somme brute.

bubble – bulle.
  bubble effect: effet-bulle.

buffer – tampon.
  buffer memory: mémoire-tampon.

bug – bogue, erreur *(informatique)* ; sismo *(en particulier gueule de trou)*.

bugtime – temps à la gueule du trou, temps vertical.

bulk modulus – module d'incompressibilité.

bunched geophones – géophones en grappes *(dans la langue parlée: sismos en grappe)*, géophones groupés.

buoy – bouée.

buoyancy – flottabilité.

burial – enfouissement.

buried focus – foyer enterré *(employé improprement pour centre de courbure enterré)*.
  buried-focus effect: focalisation enterrée.

burst – éclat.
  burst-out: accroissement soudain d'amplitude, éclat d'énergie.
  burst rate: taux de transfert.

burying – enfouissement.

bus – bitoduc, bus, infoduc.

bust – erreur de fermeture.

butterfly filter – filtre en papillon.

Butterworth filter – filtre Butterworth.

byte – octet *(groupe de bits adjacents)*.

C

C-wave (coupled wave) – onde couplée.

cable – câble, flûte.
 cable strum: à-coup du câble.
 cable truck: câblière.

cablebreak – onde de câble.

cage – sphère perforée.
 cage shooting: tir dans une boule *(Flexotir)*.

calculation – calcul *(sans ordinateur)*.

calibrate (to) – caler, étalonner.

calibration – calage, calibrage *(ne pas employer calibration)*, étalonnage.
 calibration buoy: bouée de calage.

call for bids – appel d'offres.
 call for tenders: appel d'offres.

camera – caméra.

cancel (to) – annuler.

canyon – canyon.

cap – amorce, déto *(détonateur)*.
 cap break: temps d'amorce.
 cap rock: chapeau, recouvrement, roche-couverture.

capacitor – condensateur.

carbonaceous deposit – dépôt houiller.

carbonate – carbonate.
 carbonate deposit: sédiment carbonaté.

carrier – onde porteuse, porteuse.

carryover – report.

cartridge – cartouche.

case – boîtier.
case (geophone): coquille (géophone).

case history– étude de cas, exemple-type.

casing – tubage.
casing collar: joint de tubage.

cassette – cassette.

catcher – bloqueur *(système anti-rebond).*

causal – causal, causale, physiquement réalisable.

cause (to) – provoquer.

caustic – caustique *(enveloppe des rayons qui appartiennent à un faisceau).*

cavitation – cavitation.

CBL (cement-bond log) – diagraphie de contrôle de cimentation *(acoustique).*

CDP (common-depth point) – point-miroir commun *(improprement utilisé pour même point milieu).*
CDP collection: traces regroupées en point-miroir commun.
CDP fold: ordre de couverture.
CDP gather: traces regroupées en point-miroir commun.
CDP switch: camembert (boîtier).

CDPS (common-depth-point stack) – somme en point-miroir commun.

cement-bond log (CBL) – diagraphie acoustique de contrôle de cimentation.

cementation factor – facteur de cimentation.

central processing unit (CPU) – unité centrale.

centralizer – centreur.

cepstrum – cepstre *(logarithme de la transformée de Fourier),* logspectre.

chaining – chaînage *(informatique).*

chamber (to) – chambrer.

change – changement.

channel – canal, chenal, guide d'onde, voie.
channel wave: onde guidée.

character – caractère.

characteristic – caractéristique.

charge – charge.
charge anchor: ancrage de charge.

chart – abaque *(n.m.)*, carte (marine), diagramme.

Chebyshev array – dispositif pondéré à la Tchebychev.

check – contrôle, test, vérification.

check (to) – contrôler, revoir, vérifier.
check bit: bit de parité.
check shot: tir de calage *(de diagraphie acoustique)*.

chemicals – produits chimiques.

chevron fold – pli en chevron.

chip – puce *(électronique)*.

chirp – signal à balayage de fréquence.

chronostratigraphic chart – échelle chronostratigraphique.

CI (contour interval) – équidistance.

circle – cercle.

circuit – circuit.

claim – droit.

clastic deposit – sédiment clastique.

clay – argile, roche argileuse.
clay content: teneur en argile.

clear lines (to) – layonner *(ouvrir le passage d'un profil)*.

clinometer – clinomètre.

clipped – écrêté, écrêtée, tronqué, tronquée.

clipping – écrêtage.

close – proche.

closure – fermeture.

cluster – nuage de points.

CMOS (complementary metal-oxide semiconductor) – CMOS.

CMP (common midpoint) – point-milieu commun.

coal deposit – depôt houiller.

coastal – littoral.

COCORP – COCORP *(COnsortium for COntinental Profiling).*

coda – phase finale, queue.

code – code.

coefficient – coefficient.

coherence – cohérence.
coherence enhancement: amélioration de cohérence.
coherence filtering: filtrage améliorant la cohérence.

coherent noise – bruit cohérent, bruit organisé.

collapse structure – déformation par glissement, structuration par affaissement.

collection – regroupement *(de traces).*

color display – représentation couleur.

colored sweep – balayage non linéaire.

column matrix – matrice-colonne.

comb – peigne.

Combisweep – Combisweep *(dénomination commerciale d'une technique d'émission vibrosismique).*

comma – virgule.

common – commun, commune.
common bus: bus commun.
common-depth-point gather: regroupement en point-miroir commun *(de traces).*
common-depth-point stack (CDPS): somme en point-miroir commun *(de traces).*
common-geophone gather: regroupement en géophone commun *(de traces).*
common midpoint: point-milieu commun.
common-midpoint gather: regroupement en point-milieu commun.
common-midpoint stack: somme en point-milieu commun.
common-mode: mode commun (à).
common-mode rejection: mode à amplification différentielle.

common-offset gather: regroupement de même déport *(de traces)*.
common-offset stack: somme de traces de même déport.
common-range gather: regroupement de même déport *(de traces)*.
common-reflection point (CRP): point-miroir commun.

commutate (to) – commuter, inverser, multiplexer.

compaction – compactage, compaction, tassement.

comparison – comparaison.

compass man – boussolier *(groupe d'ouverture)*.

compatible – compatible.

competent – compétent, compétente.
competent bed: couche compétente *(géol.)*.

compile (to) – élaborer, rédiger.

compiler – compilateur.

complement – complément.

complex – complexe.
complex frequency: fréquence complexe.
complex trace: trace complexe.
complex-trace analysis: analyse de la trace complexe.

compliance – élastance.

component – composante.

composite – composite.
composite log: diagraphie habillée.
composite reflection: onde réfléchie composite.
composite time-distance curve: dromochronique composite.

compressed section – coupe anamorphosée, coupe comprimée.

compressibility – compressibilité.

compression – compression.
compression fault: faille de compression.

compressional wave – onde de compression, onde P.

compromise – compromis.

computer – calculateur *(machine à calculer analogique ou numérique, ou personne remplissant cette fonction dans une mission sismique)*, ordinateur.
computer graphics: infographie, informatique graphique.

computer langage: langage informatique.
computer map: carte infographique.
computer modeling: modélique, modélisation informatique.
computer science: informatique.

computing – calcul *(avec ordinateur)*.

concatenation – concaténation.

concentric fold – pli concentrique.

concession – concession.

concordance – concordance.

condenser – condensateur.

CONDEP – CONDEP *(dénomination commerciale d'un régulateur d'immersion)*.

condition – condition.

cone – cône.

conference – congrès, réunion.

confidence level – niveau de confiance.

configuration – allure *(d'une séquence sismique)*, architecture, arrangement *(géophones)*, configuration *(matériel informatique)*.

confining pressure – pression de confinement.

conformable – concordant, concordante *(géol.)*.
conformable fault: faille conforme.
conformable relief: relief conforme.
conformable structure: structure conforme.

conformal projection – projection conforme.

conformity – concordance stratigraphique.

congress – congrès.

conical wave – onde conique.

conjugate – conjugué, conjuguée.
conjugate faults: failles conjuguées.
conjugate fold: pli conjugué.

conjugation – conjugaison.

connate water – eau connée, eau de constitution.

connection – connexion.

connector – connecteur, prise.

Conrad discontinuity – discontinuité de Conrad.

consistent – cohérent, cohérente, compatible.

console – armoire, pupitre, terminal à écran.

constant – constante.

constant-offset profiling – enregistrement à déport constant.

constraint – contrainte.

constructive interference – interférence constructive.

contact – contact.

continental – continental, continentale.
continental crust: croûte continentale.
continental margin: marge continentale.
continental rise: glacis continental.
continental shelf: plate-forme continentale, plateau continental.
continental slope: pente continentale, talus continental.

continuation – prolongement.

continuity test – contrôle de ligne, test de continuité.

continuous – continu, continue.
continuous profiling: profilage continu.
continuous seismic profiling (CSP): profilage sismique continu, sismique marine monotrace, sondage sismique continu.
continuous-velocity log (CVL): diagraphie de vitesse.
continuous wave (CW): onde entretenue.

contour – courbe de niveau, isoligne.
contour interval (CI): équidistance entre courbes *(de niveau)*.
contour line: courbe de niveau.

contractor – entrepreneur.

contractual conditions – cahier des charges.

contrast – contraste.

control – asservissement, commande, stabilisation.
control panel: pupitre de commande.

controller – contrôleur, régulateur.

convention – congrès.

conventional – classique, traditionnel, traditionnelle.

convergence – convergence.

conversational mode – mode dialogué.

conversion – conversion.

converted wave – onde convertie, onde de conversion.

converter – convertisseur *(informatique)*, redresseur *(électr.)*.

convolution – convolution.

convolutional model – modèle convolutionnel.

convolver – convolueur.

Cooley-Tukey method – méthode de Cooley-Tukey.

cord – cordeau.

core – carotte *(forage)*.
core bit: carottier.
core drilling: carottage *(mécanique)*.

coring – carottage.

corner frequency – fréquence-coin, fréquence limite.

corona effect – effet-couronne.

corrected tape – bande corrigée.

correction – correction.
correction vibrator: vibrateur-pirate.

correlation – corrélation.
correlation coefficient: coefficient de corrélation.
correlation filter: filtre adapté, filtre de corrélation, filtre de déphasage *(filtre adapté)*.
correlation ghost: fantôme de corrélation.
correlation method: méthode par corrélation.

correlator – corrélateur.

correlogram – corrélogramme.

cosine transform – partie paire d'une transformée (de Fourier).

cosmetics – cosmétique *(n.m.)*.

counter – compteur, numériseur.

coupled wave – onde couplée.

coupler – coupleur.

coupling – couplage.

CP/M (control program for microprocessors) – CP/M *(programme de commande pour microprocesseur).*

CPI (characters per inch) – caractères par pouce.

cps – cycles par seconde *(hertz).*

CPU (central processing unit) – UC (unité centrale).

Cramer's rule – règle de Cramer.

CRC (cyclic redundancy check) – CRC (contrôle de redondance de cycle).

creep – fluage, reptation.
creep recovery: rétablissement élastique.

crest – crête, maximum *(d'une courbe).*
crest amplitude: amplitude de crête.

crew – équipe.

crisscross – entrecroisé, entrecroisée, imbriqué, imbriquée.

critical – critique.
critical angle: angle critique, angle limite.
critical damping: amortissement critique.
critical dip: pendage critique.
critical distance: distance critique.
critical reflection: réflexion à l'angle limite, réflexion limite.

crooked line – profil sinueux.

cross – croix.
cross-array: dispositif en croix.
cross-dip: pendage latéral.
cross-energy spectrum: spectre d'intercorrélation.
cross equalization: égalisation multicanale.
cross-information: information latérale.
cross-section: coupe, section.
cross-spectrum: interspectre, spectre croisé.
cross-spread: dispositif en croix, dispositif transversal.
cross-spread shooting: tir en croix.
cross-stratification: stratification entrecroisée.

crossbedding – stratification entrecroisée.

crosscorrelation – corrélation, intercorrélation.
crosscorrelation filter: filtre d'intercorrélation, filtre de corrélation.
crosscorrelation function: fonction d'intercorrélation, fonction de corrélation.

crossfeed – diaphonie.

crosshole method – méthode puits-à-puits.

crossover – croisement de courbes, point de brisure.
  crossover distance: distance point de brisure-point de tir *(réfraction)*.

crossplot – graphique comparatif.

crosspower spectrum – spectre d'intercorrélation.

crossproduct – produit vectoriel.
  crossproduct term: terme croisé.

crosstalk – diaphonie.

crosstrack – perpendiculaire au profil sismique.

CRP (common-reflection point) – point-miroir commun.

crude – brut, brute.
  crude oil: pétrole brut.

crust – croûte.

cultural noise – bruit anthropogénique.

cumulative error – erreur cumulée.

curl – rotationnel.

current – courant.

cursor – curseur.

curvature – courbure.

curve – courbe.
  curve fitting: courbe de régression.
  curve matching: comparaison à un abaque.
  curve of maximal convexity: courbe de convexité maximale.

curved path – rayon courbe.

cutoff – coupure.
  cutoff frequency: fréquence de coupure.

cuttings – déblais *(de forage)*.

CVL (continuous-velocity log) – diagraphie de vitesse.

CW (continuous wave) – onde entretenue.

cycle – cycle.
  cycle breadth: période.

cycle-redundancy check (CRC): contrôle de redondance de cycle (CRC).
cycle skip: saut de phase.
cycle stealing: vol de cycle.
cycle time: cycle de base.

cyclographic diagram – diagramme stéréographique.

cylindrical – cylindrique.
cylindrical divergence: divergence cylindrique.
cylindrical fold: pli cylindrique.
cylindrical hydrophone: hydrophone à céramique tubulaire.

d

D & A (dry and abandoned) – sec et abandonné *(puits)*.

D/A (digital-to-analog) – N/A (numérique à analogique).

damped oscillation – oscillation amortie.

damping – amortissement.

data – données, information, mesures.
data bank: banque de données.
data base: banque de données, base de données.
data block: bloc des données.
data reduction: mise en forme de l'information.
data set: jeu de données.
data sheet: bordereau de données, feuille de données, fiche de données.

datum – référence.
datum correction: correction altimétrique.
datum elevation: altitude du plan de référence.
datum plane: plan de référence.
datum velocity: vitesse à la surface de référence.

datuming – réduction à la référence.

datumized section – coupe horizontalisée, coupe recalée sur un horizon, coupe réduite à une référence.

dB – dB *(symbole de décibel)*.

dc (direct current) – courant continu.

dead – raide *(trace)*.
dead line: brin mort.
dead reckoning: point à l'estime.
dead section: brin mort.
dead station: trace morte.
dead trace: trace morte, trace raide.

debug (to) – déboguer, déverminer.

decay – affaiblissement, amortissement, déclin.
  decay constant: constante de temps.
  decay curve: courbe d'amortissement, courbe de décroissance.

decibel – décibel (dB).
  decibel per octave: décibel par octave.

decimate (to) – sous-échantillonner.

declination – déclinaison.

decoder – décodeur, transcripteur.

décollement – décollement.

deconvolution – déconvolution, désynthétisation.
  deconvolution gap: distance de prédiction.

dedicated – affecté, affectée, usage (à) exclusif.

deep – profond, profonde.
  deep earthquake: séisme profond *(> 300 km)*.
  deep refraction: grande réfraction.
  deep-seated structures: tectonique de fond.
  deep seismic sounding: sondage sismique profond.

deepsea fan – delta sous-marin, éventail sous-marin.

defined, definite – défini, définie.

deflection – déflexion.
  deflection angle: angle de déviation.

deformation – déformation.

degaussing – effacement *(bande magnétique)*.

deghost (to) – défantômer.

deghosting – défantômage.

degree – degré.

del – nabla *(opérateur de gradient de vecteur)*.

delay – retard.
  delay cap: détonateur à retard.
  delay filter: filtre à retard.
  delay line: ligne à retard.
  delay time: délai *(admis en réfraction)*.

delayed – retardé, retardée.

delimiter – séparateur *(informatique)*.

Delseis – Delseis *(dénomination commerciale d'un système d'acquisition de données)*.

delta – delta.
delta fan: delta sous-marin.
delta front: front de delta.
delta function: dirac, distribution delta.
delta t: delta-t.

deltaïc deposit – sédiment deltaïque.

demodulation – démodulation.

demultiplex (to) – démultiplexer.

demultiplexer – démultiplexeur.

demultiplexing – démultiplexage.

density – densité, masse volumique.
density log: diagraphie de densité.

departure curve – abaque de correction *(n.m.)*, courbe de correction.

deposit – dépôt, gisement *(minéral.)*, sédiment.

depression – dépression.

depressor section – brin abaisseur.

depth – cote, profondeur.
depth contour: isobathe.
depth controller: régulateur d'immersion.
depth map: carte-profondeur.
depth migration: migration-profondeur.
depth of burial: profondeur d'enfouissement.
depth of focus: profondeur au foyer.
depth of invasion: épaisseur de la zone envahie.
depth of investigation: pénétration.
depth of penetration: pénétration, profondeur de pénétration.
depth point: point-miroir.
depth probe: sondage, sonde.
depth section: coupe-profondeur.
depth sounder: sondeur.

dereverberation – déréverbération.

deringing – déréverbération.

derivation – démonstration *(math.)*, dérivation.

design gate – fenêtre de calcul.

destructive – brisant *(explosif)*, destructif, destructive.
destructive interference: interférence destructive.

detectable limit – limite de détectabilité.

detection – détection.

detector – capteur, détecteur.

deterministic deconvolution – déconvolution déterministe.

detonating – détonant, détonante.
detonating cord: cordeau détonant.
detonating explosive: explosif détonant.
detonating fuse: cordeau détonant.

detonator – détonateur.

develop (to) – développer.

developer – révélateur *(photo)*.

development – mise au point, mise en exploitation, mise en valeur.
development geophysics: géophysique de gisement.
development survey: sismique de gisement.

deviation – écart.

device – appareil.

diachronous – diachrone.

diagenesis – diagenèse.

diagnostic check – diagnose *(contrôle avec diagnostic)*, vérification.

diagonal fault – faille diagonale.

diagram – diagramme.

dial – cadran.

dialogue mode – mode conversationnel, mode dialogué, mode interactif.

diamond array – dispositif en carré diagonal, en losange.

diapir – diapir.

diapiric fold – pli diapir.

differential – différence, différentiel *(n.m.)*, différentiel, différentielle *(adj.)*.

differential compaction: compaction différentielle, tassement différentiel.
differential normal moveout (DNMO): différentiel de delta-t, écart d'indicatrice.
differential pressure: pression différentielle.
differential weathering correction: correction relative de zone altérée, écart de correction de zone altérée.

differentiation – dérivation, différenciation.

diffracted reflection – réflexion diffractée.

diffraction – diffraction.
diffraction curve: courbe de diffraction.
diffraction function: sinus cardinal.
diffraction knot: foyer de diffraction, noeud de diffraction.
diffraction overlay: abaque de diffraction.
diffraction stack: migration par méthode de Kirchhoff, migration suivant les diffractions.
diffraction surface: surface de diffraction.

digital – numérique.
digital clipping: écrêtage numérique.
digital computer: calculateur numérique, ordinateur.
digital filter: filtre numérique.
digital filter box: convolueur.
digital recording: enregistrement numérique.
digital-to-analog conversion: conversion de numérique en analogique.

digitize (to) – numériser *(à utiliser de préférence à digitaliser)*.

digitizer – numériseur.

digitizing error – erreur de conversion.

dike – dyke.

dilatancy – dilatance, foisonnement.

dilatational wave – onde de dilatation, onde P.

dim spot – affaiblissement (anormal) d'amplitude, point sombre, point terne.

dimensional analysis – analyse dimensionnelle.

dimensionless – sans dimension.
dimensionless number: nombre sans dimension.
dimensionless unit: unité réduite.

dimple – lentille *(géol.)*, loupe *(anomalie de vitesse superficielle)*.

Dinoseis – Dinoseis *(dénomination commerciale d'une source sismique terrestre).*

diode – diode.

dip – pendage.
dip angle: angle de dépression *(à l'horizon) (topog.).*
dip-closed: fermeture par pendage.
dip filter: filtre en pendage.
dip line: profil de pente, profil perpendiculaire à la direction des couches.
dip logging: pendagemétrie.
dip moveout (DMO): delta-t *(dû au pendage).*
dip resolution: calcul du pendage vrai, résolution en pendage.
dip scan: balayage en pendage.
dip shooting: tir au pendage.
dip-slip fault: faille d'effondrement.
dip spectrum: histogramme des pendages.
dip vector: flèche de pendage.

dipmeter – pendagemètre.

dipping – incliné, inclinée, pentu, pentue, plongeant, plongeante.

Dirac comb – peigne de diracs.
Dirac function: dirac, distribution-delta, fonction-impulsion.

direct – direct, directe.
direct access: accès direct.
direct current (dc): courant continu.
direct detection: détection directe.
direct leveling: nivellement direct.
direct memory access: accès direct en mémoire.
direct modeling: modélisation directe.
direct problem: problème direct.
direct recording: enregistrement direct.
direct shot: tir direct.
direct wave: onde directe.

direction – direction, orientation, sens.

directional – directionnel, directionnelle.
directional charge: charge directionnelle.
directional scanning: balayage directionnel.

directivity graph – diagramme de directivité.

dirty – argileux, argileuse *(s'emploie surtout pour les sables).*

disc – disque.
disc controller: contrôleur de disque.

disc hydrophone: hydrophone à disques, hydrophone à pastilles.
disc memory: mémoire à disque.
disc storage: mémoire à disque.

discharge – rejet.

discontinuity – discontinuité.

discrepancy – désaccord, différence, discrépance, écart.

discrete – discret, discrète.

disjunction – disjonction, séparation.

disk – disque.

diskette – disque souple, disquette.

dispersion – dispersion.
dispersion curve: courbe de dispersion.

dispersive – dispersif, dispersive.
dispersive filter: filtre de déphasage.
dispersive power: pouvoir de dispersion, pouvoir dispersif.

displacement – décalage, déplacement *(des courbes directe et inverse en réfraction)*, rejet *(faille)*.
displacement meter: extensomètre.

display – affichage, représentation, restitution, visualisation.

display (to) – afficher, visualiser.
display device: visuel.
display devices: moyens graphiques.

disposition – disposition.

distal – distal, distale, éloigné, éloignée.

distance – distance.

distortion – déformation, distorsion.
distortion point: seuil de distorsion.
distortion tail: queue de distorsion.

distortional wave – onde de distorsion, onde S.

distributed processing – traitement réparti.

distribution function – fonction de distribution.

disturbance – ébranlement.

diurnal – diurne, nycthéméral.

divergence – divergence.

divergent – divergent, divergente.
divergent reflections: séquence divergente *(de réflexions)*.
divergent unconformity: discordance angulaire.

diversity – diversité.
diversity stack: addition en diversité, sommation discriminatoire.

diving wave – onde mirage.

Dix formula – formule de Dix.

DMO (dip moveout) – delta-t *(dû au pendage)*.

DNMO (differential normal moveout) – écart d'indicatrice.

doghouse – cabine-labo, labo.

dogleg – patte de chien (en).
dogleg multiple: multiple en baïonnette.

dolomite – dolomie (roche), dolomite (minéral).

domain – domaine, espace.

dome – dôme.

dominant – prépondérant.
dominant frequency: fréquence prépondérante.
dominant wavelength: longueur d'onde prépondérante.

doodlebugger – pétardier *(familier)*, pros *(mot de jargon pour « prospecteur »)*.

Doppler effect – effet Doppler-Fizeau.
Doppler navigation: navigation par Doppler.
Doppler radar: radar à effet Doppler.
Doppler shift: décalage Doppler.
Doppler sonar: sonar Doppler.

DOS (disc operating system) – système d'exploitation de disque *(informatique)*.

dot – point.
dot log: diagraphie de points *(sismique de puits)*.
dot product: produit scalaire.

double – double.
double coverage: double cheminement.
double-layer weathering: zone altérée double.

doublet – doublet.

down time – immobilisation (temps d').

downdip – aval-pendage (vers l').
downdip velocity: vitesse aval.

downgoing wave – onde descendante *(sismique de puits)*.

downhole – descente (à la), fond de trou (de).
downhole method: mesure en puits, méthode de puits.

downlap – couches inclinées sur discordance, surbiseau.

downsweep – balayage descendant, balayage vers les graves.

downthrow – rejet.

downward continuation – prolongement vers le bas.

drag bottom cable – câble traîné sur le fond.
drag fold: crochon (de faille).

drape fold – pli chapé.

draping – moulage *(voir compaction différentielle)*.

draw (to) – dessiner.

drift – dérive.
drift station: station asservie, station dirigée, station secondaire.

drill – foreuse, sondeuse.
drill bit: outil de forage, trépan.
drill rig: appareil de forage.

drilling – forage, sondage.
drilling bit: outil de forage.
drilling rig: appareil de forage.

drive – commande de poussée *(d'un vibrateur)*.

drop – chute.
drop along: chute de poids en continu *(mise en oeuvre de couverture multiple en chute de poid.*
drop point: point de chute.

drop (to) – éliminer, tomber (faire).

dropout – perte accidentelle d'information *(informatique)*.

dropped coverage – portion de profil non tirée.

drum – tambour, touret.

dry write – développement à sec.

dual recording – enregistrement en parallèle.

due – droit.

dummy load – impédance fictive.

dump (to) – faire un vidage *(informatique)*, vider *(informatique)*.

duplex – duplex.

duplication check – double contrôle.

duty cycle – cycle actif.

dyadic – diadique.

dynamic – dynamique.
dynamic correction: correction d'obliquité, correction dynamique.
dynamic postioning: positionnement dynamique.
dynamic range: dynamique, dynamique d'appareillage.

dynamics – dynamique.

dynamite – dynamite.
dynamite magazine : dynamitière.

Dynasource – Dynasource *(dénomination commerciale d'une source sismique)*.

e

e-log – diagraphie électrique.

earth – masse, terre.
  earth layering: stratification, structure tabulaire.
  Earth mantle: manteau terrestre.
  Earth's core: noyau terrestre.
  Earth's crust: croûte terrestre, écorce terrestre.
  Earth tide: marée terrestre.

earthquake – séisme, tremblement de terre.
  earthquake prediction: prévision sismique.
  earthquake-proof construction: construction antisismique.
  earthquake risk: risque sismique.

eccentric arm – bras de décentrement *(d'une sonde)*.

eccentricity – déport oblique, excentricité.

echo – écho.
  echo-ranging sonar: échosondeur.
  echo-sounder: échosondeur.

echogram – échogramme.

economic basement – socle économique.

ECORS – ECORS *(acronyme: Etude Continentale et Océanique par Réflexion et Réfraction Sismique)*.

eddy current – courant de Foucault, courant vagabond.

edit (to) – mettre en forme, rédiger.

editor – programme d'édition, programme d'impression.

EDM (electronic distance measurement) – mesure électronique de distance.

eel – anguille *(flûte)*.

effect – effet.

effective – effectif, effective, efficace.
  effective porosity: porosité effective, porosité réelle.
  effective zone: zone utile.

efficiency – rendement.

effort – effort, ordre de multiplicité.

eigenfrequency – fréquence propre.

eigenfunction – fonction propre.

eigenvalue – valeur propre.

eikonal equation – équation de l'imagerie.
  eikonal function: équation de l'eikonal.

elastic – élastique.
  elastic constant: constante d'élasticité.
  elastic deformation: déformation élastique.
  elastic impedence: impédance élastique.
  elastic limit: limite d'élasticité.
  elastic modulus: module d'élasticité.
  elastic wave: onde élastique.

Elcord – Elcord *(dénomination commerciale d'un explosif à retard).*

electric – électrique.
  electric conductor: conducteur.
  electric log: diagraphie électrique.

electrode – électrode.

electrodynamic geophone – géophone électrodynamique.

electron density – densité d'électrons.

electronic – électronique.
  electronic conductor: conducteur.
  electronic distance measurement (EDM): mesure électronique de distance.

electrostatic – électrostatique.
  electrostatic camera: caméra électrostatique.
  electrostatic plotter: traceur électrostatique.

electrostrictive – électrostrictif, électrostrictive.

element – élément.

elevation – altitude, élévation.
  elevation angle: élévation.

elevation correction: correction alti, correction altimétrique, correction d'altitude.

ELF (extremely low frequency) – très basse fréquence.

eliminate (to) – éliminer.

ellipsoïd – ellipsoïde.
ellipsoid of anisotropy: ellipsoïde d'anisotropie.

elongated charge – charge allongée.

embedded wavelet – ondelette équivalente.

emergence – émersion.

emission – émission.

emulate (to) – simuler.

emulator – programme de simulation, simulateur.

en échelon fault – faille en échelon.
en échelon fold: pli en relais.

end – fin.
end-of-file gap: blanc de fin de fichier.
end-of-file mark: fin de fichier (marque).
end-of-tape marker: MFB (marque de fin de bande).
end-on: en bout *(tir)*.
end-on shooting: tir en bout.

energy – énergie.
energy reflectivity: coefficient de réflexion en énergie.

engineering – ingénierie.
engineering geophysics: géophysique de génie civil, HMGC (Hydrologie, Mines, Génie Civil).
engineering seismology: génie parasismique.

enhanced oil recovery (EOR) – récupération assistée des hydrocarbures (RAH), récupération assistée du pétrole (RAP).

enhancement – amélioration, mise en valeur.

enlarge (to) – agrandir.

enlargement – agrandissement.

envelope – enveloppe.

EOR (enhanced oil recovery) – RAH (récupération assistée des hydrocarbures), RAP (récupération assistée du pétrole).

ephemeral data – éphémérides.

ephemeris – éphéméride.

epicenter – épicentre.

equalization – égalisation.

equalize (to) – égaliser.

equation – équation.

equilateral – équilatéral, équilatérale.

equilibrium condition – condition d'équilibre.

equinox – équinoxe.

equipment – matériel.

equivalent projection – projection équivalente.

equivoluminal wave – onde S.

erase head – tête d'effacement.

erosion – érosion.

erosional – érosion (d').
erosional truncation: troncature d'érosion.
erosional unconformity: discordance d'érosion.

error – erreur.
error checking: détection des erreurs.
error message: message d'erreur.

ESP (expanding-spread profile) – méthode à point-milieu fixe.

estimation – estimation.

estuarian deposit – sédiment estuarien.

evanescent wave – onde évanescente.

even function – fonction paire.

event – arrivée, événement.

except gate – porte OU exclusif *(OUX)*.

excess – dépassement.
excess time: correction de remplacement.

exclusive – exclusif, exclusive.
exclusive filter: filtre passe-bande très étroit, filtre très sélectif.
exclusive OR: OU exclusif (OUX).

excursion – déflexion.

expand (to) – allonger *(sismique)*, amplifier *(électronique)*, développer *(math.)*.

expanding – extensible.
expanding spread: dispositif à déport croissant, dispositif à étalement progressif.
expanding-spread profile: méthode à point-milieu fixe *(méthode à deux bateaux)*.

expected value – espérance mathématique.

exploding – explosant, explosante.
exploding reflector: miroir-source.
exploding wire: étinceleur à fil.

exploitation – exploitation.

exploration – exploration.
exploration geophysics: géophysique appliquée, prospection géophysique.
exploration seismology: prospection sismique.
exploration well: puits d'exploration.

explorationist – explorateur.

explosion – explosion.

explosive – explosif.
explosive cord: cordeau détonant.

exponential – exponentiel, exponentielle.
exponential decay: amortissement exponentiel.
exponential ramp: raccord exponentiel.

extended – étendu, étendue.
extended range: longue portée.
extended-range Shoran: Shoran à longue portée.
extended resolution: pouvoir séparateur amélioré.
extended spread: dispositif allongé, dispositif déporté longitudinalement.

extension cord – rallonge.

extensometer – extensomètre.

external shape – configuration *(d'une séquence sismique)*.

extraction – extraction.

f

f-k – f-k *(fréquence et nombre d'onde).*
f-k analysis: analyse f-k *(en fréquence et nombre d'onde).*
f-k filter: filtre f-k.
f-k migration: migration f-k.
f-k space: domaine f-k.

facies – faciès.
facies line: limite de faciès.

factor – facteur.
factor analysis: analyse factorielle.

fade (to) – muter *(une trace)*, raidir *(une trace).*

fairing – carénage, profilage.

fairway – zone utile.

false color – fausse couleur.

faltung – convolution.

fan – cône *(sédim.)*, éventail.
fan filter: filtre en éventail.
fan fold: pli en éventail.
fan shooting: tir en éventail *(réfraction).*

far field – champ lointain.
far trace: trace lointaine, trace remotum.

farm in (to) – affermer, prendre à ferme.
farm out (to): affermer, amodier, donner à ferme.

Fast Fourier Transform (FFT) – transformée de Fourier rapide.

fatigue – fatigue.

fault – faille.
fault basin: bassin d'effondrement.

fault block: bloc faillé.
fault-closed: fermeture par faille.
fault fold: pli-faille.
fault plane: plan de faille, surface de faille.
fault tectonics: tectonique cassante.
fault trap: piège par faille.
fault zone: zone faillée.

Faust's equation – loi de Faust.

feather edge – arête en biseau.
feather pattern: disposition en épi.

feathering – dérive en épi *(flûte marine)*.

fee – droit.

feedback – rétroaction.
feedback filter: filtre à rétroaction.

feelers – palpeurs.

fence diagram – diagramme en panier à oeufs.

Fermat path – trajet de Fermat.
Fermat principle: principe de Fermat.

FET (field-effect transistor) – transistor à effet de champ.

FFT (Fast Fourier Transform) – transformée de Fourier rapide.

fiducial time – temps rapporté au plan de référence.

fiducials – points de référence, repères.

field – champ, terrain.
field book: carnet de terrain.
field crew: équipe de terrain.
field-effect transistor (FET): transistor à effet de champ.
field filter: filtre à l'enregistrement.
field log: carnet de terrain.
field processing: traitement sur le terrain.
field tape: bande-terrain *(informatique)*.
field timing: comptage-temps de terrain.

figure – chiffre.

file – fichier.
file number: numéro d'ordre.
file protect: protection de fichier d'enregistrement.

filling – remplissage.

filter – filtre *(voir aussi filtrage)*.
filter correction: correction de filtre.
filter panel: analyse de filtrage, planche de filtrage.
filter-response curve: abaque de filtrage.
filter slope: pente d'un filtre.

filtering – filtrage *(voir aussi filtre)*.

findings – résultats.

fingers – palpeurs.

finite-difference method – méthode des différences finies.
finite-element method: méthode des éléments finis.

firing – émission sismique, mise à feu, tir.
firing line: câble de tir, ligne de tir.
firing rate: cadence de tir.

firmware – programme précâblé.

first – premier, première.
first arrival: arrivée première.
first arrivals: premières arrivées.
first break: arrivée première.

fish – poisson.

fishtail bit – outil bilame, trépan en queue de poisson.

fissure – fente, fissure.

fit – ajustement.

fit (to) – adapter, ajuster, coïncider (faire), coller (faire).

five-spot pattern – quinconce (en).

fix – point par visée.

fixed point – virgule fixe.

flag – drapeau *(informatique)*, fanion, jalon, piquet, sémaphore *(informatique)*.

flagging – ruban de balisage.

flange – bride.

flat – replat.
flat point: point plat.
flat spot: réflexion méplate.
flat-topping: écrêtage.

flatten (to) – aplatir, horizontaliser.

flattened section – coupe horizontalisée, coupe recalée sur un horizon, coupe réduite à une référence.

flattening – aplatissement *(d'une ellipse)*, horizontalisation.

Flexichoc – Flexichoc *(dénomination commerciale d'une source sismique)*.

Flexotir – Flexotir *(dénomination commerciale d'une source sismique)*.

flip-flop – bascule.

floating – flottant, flottante.
floating charge: charge mal placée, charge remontée.
floating datum: plan de référence variable.
floating point: décimalisation instantanée, virgule flottante.

flood-plain deposit – dépôt de plaine d'inondation, remblaiement fluviatile.

floppy disc – disque souple, disquette.

flow – écoulement, flux.
flow fold: pli de fluage.
flow rate: débit.

flowchart – organigramme, schéma.

flowmeter – débitmètre.

fluid wave – onde de boue, onde de fluide.

flushed zone – zone envahie.

flutter – pleurage, scintillement *(variations rapides de vitesse : bande, disque)*.

fluvial deposit – sédiment fluviatile.

flysch – flysch.

foam drilling – forage à la mousse.

focal – focal, focale.
focal depth: profondeur focale.
focal mechanism: mécanisme au foyer.
focal time: heure initiale.

focus – foyer *(d'un séisme, foyer est parfois confondu avec centre de courbure)*.

focusing – focalisation.

fold – ordre *(de couverture)*, pli.
fold-back: double dispositif.

fold-back test: essai sur dispositif redoublé.
fold belt: ceinture plissée.
fold bend: charnière d'un pli.
fold fault: faille-pli.
fold tectonics: tectonique de couverture.
fold thrust: chevauchement par plissement *(géol.)*.

folding – convolution, plissement *(géol.)*, repliement.
folding frequency: fréquence de repliement.

foldover – déchirure *(télévision)*, image fantôme.

footwall – série chevauchée *(terrains sous-jacents à un plan de chevauchement)*.

foreland syncline – synclinal d'avant-pays.

forereef – avant-récif, récif externe.

foreset bed – couche frontale.

foreshock – prémonitoire.

format – format.

format (to) – formater.

formation – formation *(géol.)*.
formation-analysis log (FAL): diagraphie d'analyse des formations.
formation-density log (FDL): diagraphie de densité des formations.
formation water: eau de gisement.

formatter – formateur (informatique).

formatting – formatage.

formula – formule.

forward solution – solution du problème direct.

four-way dip – pendage par tir en croix.

Fourier analysis – analyse de Fourier, analyse harmonique, décomposition de Fourier.
Fourier integral: intégrale de Fourier.
Fourier series: série de Fourier.
Fourier synthesis: synthèse de Fourier, synthèse harmonique.
Fourier transform: transformée de Fourier.

fracture – fracture.
fracture log: diagraphie de fracturation.

fracture thrust: chevauchement-fracture *(géol.)*.
fracture zone: zone de fracture.

free – libre.
free-field: en format libre.
free oscillation: oscillation libre, oscillation propre.

french curve – pistolet *(dessin)*.

frequency – fréquence.
frequency domain: domaine des fréquences, domaine fréquentiel.
frequency-domain migration: migration en domaine fréquentiel, migration f-k.
frequency filtering: filtrage en fréquence.
frequency modulation (FM): modulation de fréquence.
frequency panel: planche des filtrages adjacents *(d'analyse fréquentielle)*.
frequency response: réponse en fréquence.
frequency scan: balayage fréquentiel.
frequency-selective absorption: absorption sélective (des fréquences).
frequency slices: filtres passe-bande adjacents.
frequency spectrum: spectre de fréquence.
frequency sweep: balayage fréquentiel.
frequency-wavenumber domain: domaine fréquence-nombre d'onde.

fresh water – eau douce.

Fresnel zone – zone de Fresnel.

front – avant, front.
front-end: frontale *(machine informatique)*.
front-end spread: dispositif avant.
front-loaded: phase minimale (à).
front-to-back ratio: rapport avant-arrière *(signature sismique)*.

frontal ramp – rampe frontale *(géol.)*.

frost breaks – bruits de gel.

FT (field tape) – bande-terrain *(informatique)*.

full-wave rectifier – redresseur à double alternance.
full-waveform log: diagraphie en trace galva, diagraphie en trace galvanométrique.

function – fonction.

g

G-log – G-log *(dénomination commerciale d'une pseudodiagraphie acoustique)*.

GAGC (ganged automatic gain control) – commande de gain multitrace.

gain – amplification, gain.
  gain control: commande de gain.
  gain correction: correction de gain.
  gain curve: courbe de gain.
  gain ranging: calibrage de gain.
  gain trace: trace de gain.

galvanometer – galvanomètre.

ganged automatic gain control (GAGC) – commande de gain multitrace.

gap – blanc *(informatique)*, écart, encoche, intervalle, lacune *(géol.)*.

gapped – encoché, encochée.
  gapped deconvolution: déconvolution prédictive *(déconvolution faite avec un opérateur à fenêtre)*.
  gapped operator: opérateur à fenêtres.

Gardner method – méthode de Gardner.

Gardner's rule – règle de Gardner.

gas – gaz.
  gas cap: chapeau de gaz.
  gas exploder: canon à gaz.
  gas field: champ de gaz.
  gas gun: canon à gaz.
  gas hydrate: hydrate de gaz.
  gas-oil contact: contact huile-gaz.
  gas seep: dégagement gazeux, sortie de gaz.

Gassmann equation – formule de Gassmann.

GASSP (gas source seismic profiler) – GASSP *(dénomination commerciale d'un canon à gaz)*.

gate – fenêtre, porte.

gather – collection de traces *(utiliser de préférence regroupement de traces)*, regroupement de traces.

gather (to) – rassembler (des traces), regrouper.

Gaussian window – fenêtre gaussienne.

Geertsma formula – formule de Geertsma.

gelatin – gélatine.
gelatin dynamite: dynamite-gomme, nitrogélatine.

Geoflex – Geoflex *(dénomination commerciale d'une source sismique)*.

Geograph – Geograph *(dénomination commerciale d'une source sismique par chute de poids)*.

Geoloc – Geoloc *(dénomination commerciale d'un système de radiopositionnement)*.

Geolock – Geolock *(dénomination commerciale d'un outil sismique de puits)*.

geology – géologie.

geometric – géométrique.
geometric shadow: ombre portée.
geometric spreading: divergence géométrique.

geomorphology – géomorphologie.

geophone – géophone *(familièrement sismo)*, sismographe *(voir sismo)*.
geophone array: arrangement de géophones, dispositif de géophones.
geophone bunch: grappe de géophones.
geophone cable: câble de géophone.
geophone cluster: grappe de géophones.
geophone connector: jarretière de géophones.
geophone group: groupe de géophones, trace.
geophone hanger: épingle à géophones, épingle de ramassage.
geophone interval: distance entre géophones, intervalle entre géophones.
geophone offset: distance source-trace.
geophone pattern: arrangement de géophones, dispositif de géophones.

geophone planter: planteur de géophones.
geophone spacing: distance entre géophones.
geophone station: centre-trace, piquet de trace, piquet-trace.
geophone string: bretelle de sismos.

geophysical – géophysique.
geophysical exploration: prospection géophysique.
geophysical survey: campagne géophysique, étude géophysique.

geophysicist – géophysicien.

geophysics – géophysique.

geostatic pressure – pression géostatique.

ghost – fantôme *(réflexion fantôme, horizon fantôme)*.

GIGO (garbage in, garbage out) – GIGO *(inepties à l'entrée, inepties à la sortie)*.

gimbals – suspension à cardan.

glacial deposit – sédiment glaciaire.

glitch – à-coup, parasite, pépin.

global tectonics – tectonique des plaques, tectonique globale.

gnomonic projection – projection gnomonique.

goodness of fit – qualité de l'ajustement.

Goupillaud layering – modèle de Goupillaud.
Goupillaud medium: modèle de Goupillaud.

GPS (global positioning system) – GPS *(système de positionnement par satellite)*.

graben – fossé d'effondrement, graben.

graded bedding – couche granoclassée.

grading – cotation.

grain – texture.

graphic log – diagraphie de chantier.

gravity – gravité, pesanteur.

gray level – grisé.

grazing incidence – incidence rasante.

grid – carroyage, grille, quadrillage, réseau.
grid effect: effet de grille.

ground – masse, prise de terre, sol, terre.
ground coupling: couplage au sol.
ground level: niveau du sol.
ground mix: mixage-terrain.
ground noise: bruit de fond.
ground-noise survey: étude du bruit ambiant.
ground roll: bruit de surface, onde de surface, roulement de sol.
ground unrest: bruit naturel.

group – groupe, groupe de capteurs, trace-terrain.
group-coded recording: enregistrement codé par groupe.
group delay: retard à la trace-terrain.
group interval: distance entre traces, intertrace *(n.m.)*.
group shoot: groupe d'intérêt *(dans une campagne sismique)*.
group velocity: vitesse de groupe.

growth fault – faille de croissance *(par abus de langage)*, faille syngénétique, faille synsédimentaire.

guided wave – onde guidée.

gun – canon.

GUS BUS – GUS BUS *(dénomination commerciale d'un système de télémesure)*.

Gutenberg-Weichert discontinuity – discontinuité de Gutenberg-Weichert.

h

hachures – hachures.

hade – inclinaison par rapport à la verticale, mutation *(mécanique)*.

Hagedoorn method – méthode de Hagedoorn *(méthode d'interprétation en réfraction ou méthode des plus-minus)*.

half – demi, semi.
half-duplex: semi-duplex.
half-power point: fréquence de coupure en puissance *(-3 dB)*.
half-space: demi-espace, semi-espace.

halokinesis – halocinèse.

Hamming function – fonction de Hamming.

hanging wall – série chevauchante *(terrains surmontant un plan de chevauchement particulier)*.

Hanning function – fonction de Hanning.
Hanning window: fenêtre de Hanning.

hard copy – copie d'écran, épreuve, fac-sim, sortie-papier, tirage.
hard-wired logic: circuit logique câblé.

hardness – dureté.

hardware – matériel.

harmonic – harmonique.
harmonic analysis: analyse harmonique.
harmonic distortion: distorsion harmonique.

harmony frequency – harmonique.

HDDR (high density data recording) – HDDR *(dénomination commerciale d'un enregistreur)*.

head – tête.
head bank: banc de têtes.
head wave: dromochronique *(par abus de langage)*, onde conique, onde réfractée.

header – étiquette *(enregistrement magnétique)*.

heading – cap.

Heaviside function – fonction d'Heaviside *(échelon unité)*.

heel – talon.

height – hauteur.
height of instrument (HI): hauteur d'appareil.

heighting – nivellement indirect.

heliborne – héliportable, héliporté, héliportée.

Hermitian matrix – matrice hermitienne.

herringbone pattern – allure en chevron *(tracé automatique)*.

hertz – hertz *(unité SI de fréquence)*.

heterogeneity – hétérogénéité.

heuristic – euristique, heuristique.

hi-line – ligne à haute tension.

hiatus – lacune *(sédimentation)*.

hidden layer – couche indétectable, couche masquée *(réfraction)*.

high – haut, haute.
high (structural): culmination (d'un pli).
high-cut filter: filtre coupe-haut.
high-line eliminator: atténuateur d'induction de lignes à haute tension.
high-line pickup: induction par lignes électriques.
high-pass filter: filtre passe-haut.
high resolution (HR): haut pouvoir séparateur (à), haute résolution (à), haute résolvance (à), haute séparation (à).
high-resolution dipmeter: pendagemètre à fort pouvoir séparateur, pendagemètre à haute résolvance.
high-resolution method: sismique à haute resolution.
high-speed layer: couche rapide.
high-velocity layer: couche rapide.

Hilbert filter – filtre de Hilbert.
Hilbert transform: transformée de Hilbert.

hilly – accidenté, accidentée.

hinge – charnière, flexure.
hinge fault: faille à charnière.

hole – trou.
hole blow: débourrage.
hole deviation: déviation de sondage.
hole fatigue: fatigue de trou *(de tir)*.
hole noise: bruit de trou.
hole plug: bouchon de trou.

holography – holographie.

homocline – isoclinal, monoclinal.

homogeneity – homogénéité.
homogeneity velocity: vitesse d'homogénéité.

homomorphism – homomorphisme.

horizon – horizon.
horizon-slice map: carte relative à un horizon *(impédance, amplitude, etc.)*.

horizontal – horizontal, horizontale.
horizontal anisotropy: anisotropie horizontale.
horizontal mixing: mixage horizontal *(improprement)*, mixage-terrain *(sismique 3D)*, sommation en point-milieu commun.
horizontal section: coupe horizontale.
horizontal stacking: addition horizontale *(improprement)*, sommation en point-milieu commun.

horses – cavaliers *(géol.)*.

horst – horst.

hot brine – source salée chaude.

housekeeping – servitudes *(ordinateur)*.

HR (high resolution) – haut pouvoir séparateur (à).

hum – ronflement, ronflette.

humbucking – antironflette, montage antironflement.

hundred-percent section – coupe en couverture simple.

hunting – pompage *(en servomécanisme)*.

Huygens' principle – principe de Huygens.

hybrid – hybride.
hybrid migration: migration hybride.
hybrid spread: dispositif pondéré en distance.

hydrocarbon – hydrocarbure.
hydrocarbon indicator: témoin d'hydrocarbures.
hydrocarbon saturation: saturation en hydrocarbures.

hydrography – hydrographie.

hydrophone – hydrophone.

Hydrosein – Hydrosein *(dénomination commerciale d'une source de sismique marine).*

hydrostatic pressure – pression hydrostatique.

hyperbolic – hyperbolique.
hyperbolic line of position: lieu hyperbolique.
hyperbolic search: analyse d'indicatrice hyperbolique.

hypocenter – hypocentre.

hysteresis – hystérésis.

Hz – Hz *(symbole de hertz).*

i

I/O (input-output) – E/S (entrée-sortie).

IC (integrated circuit) – circuit intégré.

ice – glace.
ice-bridge effect: effet de bouchon de glace.
ice noise: bruit de banquise, bruit de glace.

iff – ssi *(si et seulement si).*

IFP (instantaneous floating point) – VFI (virgule flottante instantanée).
IFP amplifier: amplificateur à virgule flottante instantanée.

igniter – allumeur.

image – image.
image point: point-image.
image ray: rayon autocollimé, rayon en autocollimation.

imagery – imagerie.

imaginary – imaginaire *(math.)*, partie imaginaire *(d'un nombre complexe).*

imaging – migration, représentation graphique.

imbibition – imbibition.

imbricate – imbriqué, imbriquée.
imbricate fault: faille imbriquée.
imbricate slice: écaille imbriquée *(portion de terrain comprise entre deux failles imbriquées).*
imbricate structure: structure imbriquée.
imbricate zone: zone d'imbrication.

imbrication – imbrication.

impact – choc.
impact blaster: détonateur à sympathie.

impactor – dame, hie.

impedance – impédance.
impedance matching: adaptation d'impédance, couplage d'impédance.
impedance section: coupe d'impédance.

impermeable – imperméable.

implementation – mise en oeuvre.

imploder – imploseur, source implosive.

implosion – implosion.

improvement – amélioration.

impulse – dirac, impétus, impulsion *(impulsion-unité voir aussi pulse)*, signal impulsionnel.
impulse blaster: détonateur à sympathie, détonateur par impulsion.
impulse response: réponse impulsionnelle.

impulsive source – source impulsionnelle.

in-line – en ligne.
in-line array: dispositif en ligne.
in-line offset: déport longitudinal.
in-line spread: dispositif en ligne.

in-phase – en phase.

in-seam seismic survey – sismique dans les veines, sismique en couche.

in situ : en place, in situ.

inches per second – pouces par seconde.

incidence – incidence.

incident – incident, incidente.
incident angle: angle d'incidence.
incident raypath: rayon incident.

incipient folding – plissement embryonnaire.

inclination – inclinaison.

inclined fold – pli déjeté.

inclinometer – inclinomètre.

inclusive OR gate – porte OU inclusif.

incoherent light – lumière incohérente.

incompetent – incompétent, incompétente.
incompetent bed: couche incompétente *(géol.)*.

incompressibility – incompressibilité.
incompressibility modulus: module de compressibilité.

increment – accroissement, incrément, pas de progression.

independent – indépendant, indépendante.

index – curseur, index, indice.
index of refraction: indice de réfraction.

indirect – indirect, indirecte.
indirect address: adresse indirecte.
indirect leveling: nivellement indirect.

induced polarization – polarisation provoquée.

inductance – inductance.

induction – induction.
induction log: diagraphie par induction.

inertial navigation – navigation par inertie.

infill well – puits de développement.

infinitesimal-strain theory – théorie des déformations infiniment petites *(s'appliquant au domaine de Hooke)*.

information – information.

inhomogeneity – hétérogénéité.

initial – initial, initiale.
initial blanking: mutage initial, mute initial.
initial condition: condition initiale.
initial gain: gain initial.
initial suppression: présuppression.

initialize (to) – initialiser.

inner product – produit scalaire.

input – entrée.
input dynamic range: dynamique d'entrée.
input filter: filtre d'entrée.
input group: équipe de préparation *(de traitement sismique)*.
input impedance: impédance d'entrée.
input noise: bruit ramené à l'entrée.

input (to) – entrer.

insertion loss – perte d'insertion.

instantaneous – instantané, instantanée.
instantaneous dynamic range: dynamique d'appareillage instantanée.
instantaneous floating point (IFP): virgule flottante instantanée.
instantaneous floating-point amplifier: amplificateur à virgule flottante instantanée.
instantaneous floating-point control: commande du gain à virgule flottante instantanée.
instantaneous frequency: fréquence instantanée.
instantaneous phase: phase instantanée.
instantaneous velocity: vitesse instantanée.

instruction – instruction *(informatique)*.

instrument – instrument.
instrument noise: bruit d'appareillage.
instrument-phase compensation filter (IPCF): filtre compensateur de déphasage-labo.

instruments – appareillage, labo.

insulator – isolant, isolateur.

integrated – intégré, intégrée.
integrated geophysics: géophysique combinée.
integrated navigation system: système intégré de navigation.
integrated system: système intégré.

integration – intégration.

intelligent terminal – terminal intelligent.

intensity – intensité.
intensity scale: échelle d'intensité.

interactive – interactif, interactive, mode dialogué.

interbed multiple – multiple interne.

interbedding – imbrication, intercalation.

intercept – ordonnée à l'origine.
intercept curve: courbe des ordonnées à l'origine, courbe relative, courbe T-X/V.
intercept distortion: distorsion de phase linéaire.
intercept method: méthode de l'ordonnée à l'origine.
intercept time: temps à l'origine *(de la dromochronique)*.

interface – dioptre, interface *(n.f.)*, surface de séparation.
interface wave: onde d'interface.

interference – interférence.

interior angle – angle intérieur, angle interne.

interlacing – entrelacement.

interlock – interdiction d'opérer, verrouillage.

interlocking – réciproque *(temps)*, retour inverse (en).

intermediate – intermédiaire.
intermediate earthquake: séisme intermédiaire *(60-300 km)*.
intermediate storage: stockage intermédiaire.

International System of Units (SI) – Système international d'unités (SI).

interpolation – interpolation.

interpretation – interprétation.

interpreter – interprétateur, interprétatrice *(humain)*, interpréteur *(machine informatique)*, sismologue.

interrecord gap – interbloc *(informatique)*.

interrupt – signal d'interruption.

interruption – interruption.

intersecting – concourant, concourante.

interstitial water – eau interstitielle.

interval – intervalle.
interval time: temps d'intervalle.
interval transit-time: lenteur, temps de traversée d'une couche *(tranche d'épaisseur unitaire)*.
interval velocity: vitesse d'intervalle *(employer de préférence vitesse de tranche)*, vitesse de tranche.

intrinsic dispersion – dispersion intrinsèque.

invaded zone – zone envahie.

inverse – inverse.
inverse dispersion: dispersion inverse.
inverse filter: antisignal, filtre inverse.
inverse Fourier transform: transformée de Fourier inverse.
inverse matrix: matrice inverse.
inverse modeling: inversion.
inverse problem: problème inverse.
inverse signal: antisignal.
inverse-square law: loi en $1/r^2$ *(voir aussi divergence sphérique)*.

inversion – inversion.

inverter gate – inverseur.

irrotational wave – onde de condensation.

isobath – isobathe.
isobath map: carte d'isobathes.

isochore – isochore.
isochore map: carte d'isochores.

isochrone – isochrone, isodélai *(réfraction)*, isoretard *(réfraction)*.

isochronic map – carte d'isochrones.

isochronous surface – surface isochrone, surface-temps.

isopach – isopaque.
isopach map: carte d'isopaques.

isopleth – isoplèthe.

isoseismic line – isoséiste.

isoseist – isoséiste.

isotime – isochrone, isopaque-temps.

isotropic – isotrope.

isotropy – isotropie.

isovelocity surface – surface isovitesse.

iteration – approximations successives, itération.

iterative – itératif, itérative.
iterative interpretation: interprétation itérative.
iterative method: méthode itérative.

j

jack-up (rig) – plate-forme auto-élévatrice.

Jacobian – jacobien.

jamming – bourrage *(du papier dans le magasin des caméras).*

Janus configuration – architecture à la Janus, disposition bilatérale.

jet drilling – forage au jet.

jitter – dispersion, instabilité de phase, sautillement d'image.

job – tâche.

Johnson noise – bruit de Johnson, bruit thermique.

joint – diaclase, joint.
joint inversion: inversion combinée.

joystick – manche à balai.

jug – sismo.
jug hustler: dérouleur *(manoeuvre-câble).*
jug planter: planteur *(manoeuvre-sismos).*

juggie – dérouleur de câble.

Julian day – quantième *(numéro du jour dans l'année).*

jump – branchement, saut *(informatique).*
jump correlation: corrélation à distance, corrélation à l'estime.

jump (to) – sauter *(une phase).*

jumper – rallonge.
jumper cable: câble de pontage.

k

K – K *(nombre d'onde × 2 pi).*
  K-band: bande K *(10-36 GHz).*

Kalman filter – filtre de Kalman.

kelly – tige carrée.
  kelly bushing (KB): carré d'entraînement *(niveau de référence de profondeur de forage)*, manchon d'entraînement.

kernel function – noyau.

key – clé, touche (d'un clavier).
  key bed: couche-repère, miroir-repère.
  key punch: perforatrice.

keyboard – clavier.

keyseat – trou de serrure *(excentrement du trou de sondage).*

kick – déflexion, impétus.

kill (to) – raidir *(une trace).*

kink fold – pli en chevron.

Kirchhoff's method of migration – méthode de migration de Kirchhoff.

knee fold – pli en genou.

knot – noeud *(1,852 km/h).*

kurtosis – degré d'aplatissement, kurtosis.

l

L-band – bande L *(390-1550 MHz).*
L-spread: dispositif en L.
L-wave: onde de surface.

lab – labo.

label – cartouche *(n.m.),* label, têtière.

labor union – syndicat.

lacustrine deposit – sédiment lacustre.

ladder network – réseau en échelle.

lag – retard.
lag time: temps de remontée de boue *(forage).*

lagoonal deposit – sédiment lagunaire.

Lamb's problem – problème de Lamb.
Lamb wave: onde de Lamb.

lambda – lambda *(système de positionnement).*

lamp – lampe.

lampitude – lampitude *(équivalent d'amplitude dans le domaine du cepstre).*

Lamé constant – coefficient de Lamé.

Lancing – Lancing *(dénomination commerciale d'un mode de tir par charges fractionnées).*

land – terrain.
land seismic crew: équipe de réflexion terrestre.
land shooting: sismique terrestre.
land work: sismique terrestre.

landmark – borne.

lane – chenal *(radiopositionnement).*

language – langage.

Laplace's equation – équation de Laplace.
Laplace transform: transformée de Laplace.

Laplacian – laplacien.

large-scale integration (LSI) – intégration à grande échelle *(électronique).*

LASA (Large Aperture Seismic Array) – LASA *(acronyme d'un réseau sismographique de détection nucléaire).*

LaserScan – LaserScan *(dénomination commerciale d'un banc de filtrage optique.*

latency – temps de recherche *(informatique)*, temps de réponse *(informatique).*

latent root – valeur propre.

later arrival – arrivée ultérieure.

lateral – latéral, latérale.
lateral-offset shooting: tir déporté.
lateral ramp: rampe latérale *(géol.).*
lateral resolution: pouvoir séparateur latéral.
lateral variations: variations latérales.

latitude – latitude.

law – loi.
law of refraction: loi de réfraction *(voir aussi loi de Descartes).*
law of superposition: loi de superposition.

layer – couche.
layer-shortening thrust: chevauchement par perte de volume *(géol.).*

layered Earth – modèle de Terre stratifiée.

layering – stratification.

layout – disposition.
layout chart: diagramme de couverture multiple.

lead – avance, fil conducteur.
lead-in section: brin de tête *(flûte).*
lead time: avance.

leak – fuite.

leakage – fuite.
  leakage test: essai de fuite.

leaking mode – mode à perte.

leapfrog – saute-mouton.

lease – concession.

leasing – affermage, location à bail.

least – moindre.
  least-absolute-deviation fit: ajustement en norme l_1.
  least-significant bit (LSB): bit de poids le plus faible.
  least-square filter: filtre par moindres carrés.
  least-square fit: ajustement par moindres carrés.
  least-time path: brachistochrone, trajet de moindre durée, trajet de temps minimal.

left-lateral fault – faille sénestre.

leg – cycle, patte.

leggy – pédalant, pédalante.

length – longueur.

lengthen (to) – allonger.

lengthening – allongement.

lens – lentille, loupe *(géol.)*.

less – moindre.

level – niveau.

leveling – nivellement.

Levinson algorithm – algorithme de Levinson.

library – bibliothèque, librairie de programmes *(informatique)*.

liftering – liftrage *(équivalent de filtrage dans le domaine du cepstre)*.

light – lumière.
  light-emitting diode (LED): diode électroluminescente.
  light pen: photostyle.

limestone – calcaire.

limit – limite.

line – brin, droite, ligne, profil.
  line of force: ligne de force.

line of position (LOP): droite de hauteur, lieu de positionnement.
line of sight (LOS): horizon optique, ligne de visée.
line printer: imprimante.
line source: source-ligne.
line spectrum: spectre de raies.
line tester: contrôleur de ligne *(appareil)*, contrôleur de profil *(ouvrier)*.

linear – linéaire.
linear filtering: filtrage linéaire.
linear-phase filter: filtre linéaire en phase.
linear sweep: balayage linéaire.

lineup – alignement.

linkage – chaînage *(informatique)*, édition de liens *(informatique)*.

list – gîte *(n.f., voir aussi roulis)*.

listening period – temps d'écoute.

listing – listage.

listric surface – faille listrique.

lithologic log – colonne stratigraphique, diagramme lithologique.

lithosphere – lithosphère.

lithostatic pressure – pression géostatique, pression lithostatique.

little slam – petit chelem *(diagraphie)*.

littoral – littoral.

live – valide *(trace)*.
live section: brin actif *(flûte)*.

Lloyd mirror effect – interférences de Lloyd.

load – charge.
load-point marker: marqueur de début de bande (MDB).

loading pole – bourroir.

lobe – lobe.

location – localisation.
location map: plan de position.

lock-on – verrouillage.

locking – verrouillage.

locus – lieu *(géométrique)*.

log – diagraphie, loch *(navigation)*.
log book: journal.
log-level indicator: trace de gain logarithmique.
log-normal: log-normale.
log-phase: log-phase.

logarithmic – logarithmique.
logarithmic contour interval: équidistance logarithmique entre isolignes.
logarithmic decrement: décrément logarithmique.

logging – diagraphie.
logging tool: sonde.

long – long, longue.
long-path multiple: multiple long.
long source: source longue.
long-spaced sonic log: diagraphie acoustique à grand écartement.
long wave: onde de surface.

longitudinal wave – onde longitudinale.

loop – boucle, maille.

Lorac – Lorac *(dénomination commerciale d'un système de positionnement radioélectrique)*.

Loran (long-range navigation) – Loran *(dénomination de systèmes de radionavigation)*.

loss – perte.

losser – atténuateur.

Love wave – onde de Love.

low – bas, basse, dépression, synclinal.
low (structural): ensellement (d'un pli).
low-amplitude display: rejeu en faible gain.
low-angle fault: faille plate.
low-cut filter: filtre coupe-bas.
low-frequency shadow: ombre basse-fréquence.
low-level multiplexing: multiplexage à bas niveau.
low-pass filter: filtre passe-bas.
low-velocity layer: couche lente.
low-velocity layer (LVL): zone altérée.
low-velocity-layer correction: corrections de surface.
low-velocity zone (LVZ): zone à petite réfraction, zone altérée.

loxodrome – loxodromie.

l_p fit – ajustement en norme l_p.

LPC (longitudinal parity check) – contrôle de parité longitudinale.

LQ wave – onde de Love.

LSB (least-significant bit) – bit de poids le plus faible.

LSI (large-scale integration) – intégration à grande échelle *(circuit intégré)*.

lutite – lutite.

LVL (low-velocity layer) – zone altérée.
LVL shots: petite réfraction.

LVZ (low-velocity zone) – zone altérée.

m

machine language – langage-machine.

macroscopic anisotropy – anisotropie macroscopique.

magnetic – magnétique.
magnetic declination: déclinaison magnétique.
magnetic disc: disque magnétique.
magnetic drum: tambour magnétique.
magnetic head: tête magnétique.
magnetic tape: bande magnétique.
magnetic-tape transport: dérouleur de bande.

magnetization – aimantation.

magnetostriction – magnétostriction.

magnifying glass – loupe.

magnitude – grandeur, magnitude.
magnitude of an earthquake: magnitude d'un séisme.
magnitude scale: échelle de magnitude.

main – principal, principale.
main beam: faisceau principal.
main frame: unité centrale *(par abus de langage)*, unité principale *(d'un gros ordinateur)*.
main lobe: lobe principal.

majority vote – décision à la majorité *(informatique)*.

make (to) a bridle – essayer un ampli *(par connexion en parallèle)*.

make up (to) – amorcer une charge.

mantissa – mantisse.
mantissa stack: sommation des mantisses.

mantle – manteau.

map – carte, plan.
  map migration: migration de carte.
  map projection: projection cartographique.

map (to) – cartographier, dessiner.

mapping – cartographie.

marine – marin, marine.
  marine deposit: sédiment marin.
  marine seismic crew: équipe de sismique réflexion marine.
  marine seismic survey: sismique marine.
  marine work: sismique marine.

mark – repère.

mark (to) off a line – piqueter un profil.

marker – horizon, marqueur *(réfraction)*, niveau-repère.
  marker bed: niveau-repère.

marl – marne.

marsh buggy – véhicule de marais.

mask – masque.

masked layer – couche masquée.

mass – masse.

master – maître.
  master event: événement majeur.
  master station: station directrice *(radiolocalisation)*, station pilote, station primaire *(radiolocalisation)*.

matched filter – filtre accordé, filtre adapté.

matching – comparaison.

mathematical expectation – espérance mathématique.

matrix – matrice.

maximum – maximal, maximale *(adj.)*, maximum *(n.m.)*.
  maximum convexity: courbure maximale.
  maximum delay: retard maximal.
  maximum-energy-sum filter: filtre à maximisation d'énergie.
  maximum-entropy filtering: filtrage à entropie maximale.
  maximum-entropy spectral estimation: estimation spectrale à entropie maximale.
  maximum phase: phase maximale (à).

Maxipulse – Maxipulse *(dénomination commerciale d'une source sismique)*.

McCollum – McCollum *(dénomination commerciale d'une source sismique)*.

mean – moyenne, moyenne arithmétique.
mean deviation: écart moyen.
mean time between failures (MTBF): temps moyen entre pannes.
mean time to recovery (MTTR): temps moyen de dépannage.

Meander – Meander *(dénomination commerciale d'un programme de traitement profils sinueux)*.

meander lobe – lobe de méandre.

measurement – mesure.

mechanical source – source mécanique.

median – médiane.

medium-scale integration (MSI) – intégration à moyenne échelle *(électronique)*.

meeting – réunion.

memory – mémoire.
memory function: réponse impulsionnelle.

menu – menu.

Mercalli scale – échelle Mercalli *(échelle d'intensité d'un séisme)*.

Mercator projection – projection de Mercator.

merge zone – zone de raccord.

mesh – filet, maille.

meter – compteur.

method – méthode.

mickey-mouse – bricolage.

microcode – microcode, microprogramme.

microcomputer – micro-ordinateur.

microcrack – microfissure.

microearthquake – microtremblement de terre, secousse (faible).

microexplosion – micro-explosion.

microprocessing unit (MPU) – microprocesseur.

microprocessor – microprocesseur.

microprogram – microprogramme.

microseism – agitation, microséisme, microsismique.

Microseismogram – Microseismogram *(dénomination commerciale d'une diagraphie acoustique).*

microspread – microdispositif.

midpoint – point-milieu.

migrated – migré, migrée.
migrated depth section: coupe-profondeur migrée.
migrated near-offset data: traces en déport proche migrées.

migration – migration.

mil – mil *(1/1000 de pouce anglais).*

millisecond – milliseconde (ms).

Mini-Sosie – Mini-Sosie *(dénomination commerciale d'une méthode de réflexion).*

minicomputer – miniordinateur.

minimum – minimal, minimale, minimum.
minimum delay: retard minimal.
minimum-delay filter: filtre à retard minimal.
minimum-entropy filter: filtre à minimum d'entropie.
minimum phase: déphasage minimal (à), phase minimale (à).
minimum-phase filter: filtre à déphasage minimal.
minimum-time path: trajet de temps minimal.

Miniranger – Miniranger *(dénomination commerciale d'un système de radiopositionnement).*

Mintrop wave – onde conique.

mirage – mirage.

mirror – miroir, réflecteur.

misclosure – erreur de fermeture.

misfire – long-feu, raté de tir.

mistie – erreur d'embrayage.
mistie map: carte d'erreurs.

mixed – mélangé, mélangée, mixte.
mixed delay: retard mixte.
mixed phase: déphasage mixte (à).

mixing – composition *(de traces)*, mixage.
mixing ratio: rapport de composition.

MM-scale (modified Mercalli scale) – échelle Mercalli modifiée.

mnemonic – mnémonique.
mnemonic code: code mnémonique.

mnemonics – mnémotechnique.

mob-demob – mise en place et repli.

mode – mode.
mode conversion: conversion de type d'onde.

model – modèle.

modeling – modélique, modélisation.
modeling theory: modélique.

modem – modem *(abréviation de MOdulateur DEModulateur)*.

modified Mercalli scale (MM scale) – échelle Mercalli modifiée *(échelle d'intensité d'un séisme)*.

modulation – modulation.

module – module.

modulus – module.

Moho – Moho *(discontinuité de Mohorovičić)*.

Mohorovičić discontinuity – discontinuité de Mohorovičić *(Moho)*.

monitor – appareil de controle, écran-témoin, moniteur, visu.
monitor record: rejeu de contrôle.

monitor (to) – contrôler, surveiller.

Mono-pulser – Mono-pulser *(dénomination commerciale d'une source à haute résolvance)*.

monochromatic – monochromatique.

monocline – monoclinal.

monument – borne, monument, repère.

MOS (metal-oxide semiconductor) – MOS *(abréviation de metal-oxide semiconductor)*.

most-significant bit (MSB) – bit de poids le plus fort.

motion-sensitive geophone – vélocimètre.

mouse – souris *(console).*

mouth bar – cordon d'embouchure.

movable head – tête magnétique mobile.

moveout – courbure d'indicatrice, delta-t.
moveout filtering: filtrage en delta-t, filtrage en vitesse apparente.
moveout scan: analyse de vitesse *(par balayage de delta-t).*

movie camera – caméra.

moving – mobile.
moving-coil geophone: géophone à bobine mobile.
moving-source method: méthode des traînées.

MS pickup – capteur à magnétostriction.

MSB (most-significant bit) – bit de poids le plus fort.

MSI (medium-scale integration) – intégration à moyenne échelle *(électronique).*

MTBF (mean time between failures) – temps moyen entre pannes.

MTTR (mean time to recovery) – temps moyen de dépannage.

mud – boue, vase.
mud cake: cake de boue, gâteau de boue.
mud filtrate: filtrat.
mud logging: diagraphie (instantanée) de la boue.
mud mound: monticule de boue.
mud pit: bac à boue, bassin à boue.
mud probing : sondage de sédiments.
mud volcano: volcan de boue.

multichannel – multicanal, multicanale, multitrace.
multichannel filtering: filtrage multicanal.
multichannel processing: traitement multicanal.

multidrop – multipoint *(liaison).*

multiple – multiple.
multiple branches: branches multiples *(réflexion dans le cas d'un centre de coubure enterré).*
multiple coverage: couverture multiple.
multiple geophones: groupe de géophones.
multiple regression: régression multiple.
multiple shot: tir en nappe, tir multiple.
multiple-shot pattern: nappe de tir.

multiples analysis – analyse des multiples.

multiplex (to) – multiplexer.

multiplexed format – format multiplexé.

multiplexing – multiplexage.

multiplicity – effort-terrain, multiplicité, ordre de couverture.

multiprocessing – multitraitement, traitement parallèle.

multiprogramming – multiprogrammation, traitement multitâche.

mutation – mutation.

mute – mute *(prononcer comme jute)*.

mute (to) – annuler *(une trace)*, muter, raidir.

muting – mutage.

mutual inversion – inversion combinée.

Myriaseis – Myriaséis *(dénomination commerciale d'un système d'acquisition de données)*.

n

nabla – nabla.

NAND gate – porte NON ET.

nappe – chevauchement, nappe.

natural – naturel, naturelle.
natural frequency: fréquence propre.
natural gas: gaz naturel.

nature – caractère.

nautical mile – mille marin, mille nautique *(mille nautique = 1852 m)*.

navigation – navigation.

Navstar – Navstar *(dénomination commerciale d'un système de positionnement par satellites)*.

Navtrak – Navtrak *(dénomination commerciale d'un système de positionnement acoustique)*.

near – proche.
near field: champ proche.
near-surface corrections: corrections de surface.
near trace: trace proximum.
near-trace section: coupe de traces proches.

negative – négatif, négative.
negative feedback: rétroaction négative.
negative frequency: fréquence négative.

neritic – néritique.

nest of geophones – arrangement de géophones, grappe de géophones.

nesting – emboîtement *(informatique)*.

network – réseau.

neutrally buoyant – flottabilité nulle (à).

NMO (normal moveout) – courbure normale, delta-t d'obliquité.
NMO velocity: vitesse d'addition, vitesse de correction d'obliquité.

node – noeud.

noise – bruit.
noise analysis: tir de bruit.
noise logging: diagraphie de bruit.
noise survey: étude du bruit naturel.
noise test: tir de bruit.

noisy – bruyant.

nomogram – abaque *(n.m.)*, nomogramme.

nonangular unconformity – discordance plate.

NOR gate – porte NOU.

normal – normal, normale.
normal dispersion: dispersion normale.
normal equations: équations normales.
normal fault: faille directe, faille normale.
normal incidence: autocollimation, incidence normale.
normal-mode propagation: propagation en mode normal.
normal moveout (NMO): courbure normale, delta-t d'obliquité.
normal-moveout correction: correction d'obliquité, correction dynamique.
normal-moveout spectrum: spectre de correction dynamique.
normal problem: problème direct.
normal strain: déformation normale.
normal stress: contrainte normale.
normal traveltime curve: hodochrone normale.

normalize (to) – égaliser.

normalized – normé, normée.
normalized-crosscorrelation function: fonction de corrélation normée.

north-seeking pole – pôle Nord magnétique.

nose – éperon, saillant anticlinal.

not – non.
not shot (NS): non tiré.

notch – encoche.
notch filter: filtre-encoche, filtre-entaille.

NR (no reflection) – sourd *(sans réflexions)*.

NRZ (non-return to zero) – non retour à zéro *(informatique)*.

NS (not shot) – non tiré.

number – nombre.
number system: système de codage.

numerical – numérique.
numerical model: modèle numérique.

Nyquist frequency – fréquence de Nyquist.

Nyquist's theorem – théorème de Nyquist.

O

O ring – joint torique.

object program – programme-objet.

objective – objectif.

oblateness – aplatissement *(d'un ellipsoïde)*.

oblique – oblique.
oblique configuration: allure oblique.
oblique fault: faille diagonale.

observer – opérateur *(à utiliser de préférence à observeur)*.

oceanic – océanique.
oceanic crust: croûte océanique.
oceanic ridge: dorsale mid-océanique.
oceanic trench: fossé océanique.

oceanography – océanographie.

octal – octal, octale.

octave – octave.

odd function – fonction impaire.

odograph – hodographe, odographe.

off duty – en disponibilité.

off-end shooting – tir en bout.
off-end spread: dispositif en bout.

off-reef – avant-récif.

offlap – recouvrement en retrait.

offline – autonome, déporté latéralement, hors alignement, hors ligne.
offline processing: traitement en différé.

offset – décalage *(entre courbes directe et inverse en réfraction)*, déport, distance *(source-trace)*, écart, projection horizontale d'un rayon.
offset frequency: décalage fréquentiel.
offset section: coupe à déport constant.
offset shooting: tir déporté.
offset space: domaine des déports.
offset vertical seismic profile: profil sismique oblique (PSO).

offshore – large (au), marin, marine, mer (en).
offshore bar: cordon littoral.
offshore shooting: sismique marine, tir en mer.

oil – huile, pétrole.
oil accumulation: gisement de pétrole.
oil basin: bassin pétrolifère.
oil-bearing: pétrolifère.
oil column: hauteur imprégnée *(par le pétrole dans le gisement)*.
oil deposit: gisement de pétrole.
oil exploration: exploration pétrolière.
oil field: champ d'huile, champ de pétrole, champ pétrolier.
oil occurrence: présence de pétrole.
oil prospecting: prospection pétrolière.
oil shale: schiste bitumineux.
oil show: indice de pétrole.
oil water: eau de gisement.
oil-water contact: contact eau-huile.
oil-water level: niveau eau-huile d'un gisement.

oilman – pétrolier *(n.m.)*.

one – un, une.
one's complement: complément à un.
one-sided function: fonction causale, fonction unilatérale.
one sigma: écart-type.
one-way time (OWT): temps simple (TS).

onlap – contrebiseau, recouvrement en avancée.

onlapping fill – remplissage turbiditique.

online – en ligne, interactif, interactive.
online mode: mode conversationnel, mode interactif.
online offset: déport en ligne.

onset – départ *(d'un signal)*, impétus.

onshore – terre (à), terrestre.

onsite – pied d'oeuvre (à).

open – ouvert, ouverte.
open-chamber exploder: canon à gaz à chambre ouverte.
open hole: trou (en) découvert, trou non tubé, trou ouvert.
open-loop gain: gain en circuit ouvert.

operand – opérande.

operating system (OS) – système d'exploitation.

operation – opération.

operational amplifier – amplificateur opérationnel.

operator – opérateur.
operator length: longueur d'opérateur.

Opseis – Opseis *(dénomination commerciale d'un système d'acquisition de données).*

optic – optique.

optical – optique.
optical digital disc: disque optique numérique (DON).
optical disc: disque optique.
optical filter: filtre optique.
optical filtering: filtrage optique.
optical holography: holographie optique.
optical numerical disc: DON (disque optique numérique).
optical spectrum: spectre optique.

optimum – optimal, optimale, optimum *(n.m.)*.
optimum filter: filtre optimal.
optimum wide band: bande large optimale.

OR gate – porte OU.

order – ordre.
order of magnitude: ordre de grandeur.

origin time – heure initiale.

orogenic – orogénique.

orthogonal – orthogonal, perpendiculaire.

oscillation – oscillation.

oscillograph – oscillographe.

out-of-phase – déphasé, déphasée, quadrature (en).

outcrop – affleurement.

outer product – produit vectoriel.

outlying point – point aberrant, point isolé.

output – production, rendement, résultats, sortie.
output-energy filter: filtre à maximisation d'énergie.

overburden – couverture, morts-terrains.

overdamping – suramortissement.

overdetermined – surdéterminé.

overflow – débordement, dépassement de capacité *(informatique)*.

overfold – pli déversé.

overhang – surplomb.

overlap – recouvrement.

overlapped series – série chevauchée.

overlapping – chevauchement, imbriqué, imbriquée, mixage *(de traces sur le terrain)*, recouvrement.
overlapping series: série chevauchante.

overlay – calque, recouvrement *(informatique)*, transparent.

overpressure – surpression.

overpressured – surcomprimé, surcomprimée, surpression (en).

overrun – dépassement.

overshoot – amplitude au-dessus du seuil d'écrêtage.

overshoot (to) – tirer trop court ou trop long.

overshot – cloche de repêchage à coins, souricière à tige.

overstep sequence – propagation contraire *(d'un chevauchement)*.

overthrust – chevauchement, nappe de chevauchement.
overthrust fault: faille de chevauchement.

overturned fold – pli déversé, pli renversé.

overvoltage – surtension.

OWT (one-way time) – TS (temps simple).

p

P & A (plugged and abandoned) – bouché et abandonné *(puits).*

P-shooter – P-shooter *(dénomination commerciale d'une source à chute de poids accélérée).*

P-slowness graph – graphe P-lenteur.

P-wave – onde P.

P-wave delay – retard d'arrivée P.

package – progiciel.

packing – compactage *(informatique)*, emballage, pétrofabrique *(géologie)*, texture *(de la matrice) (géol.).*
packing density: densité d'enregistrement.

pad – patin.

page back (to) – changer d'origine *(diagramme).*

paging – mise en page, pagination *(informatique).*

pair – couple.

paleosection – paléocoupe.

palinspastic section – coupe palinspastique, coupe rétrotectonique.

panel – cadran, groupe de discussion, panneau, pupitre, tableau.

pantograph – pantographe.

paper – communication *(dans un congrès).*

parallax – parallaxe.

parallel – parallèle.
parallel record: enregistrement en parallèle.

parameter – paramètre.

paravane – paravane *(n.m.)*.

parity – parité.
parity bit: bit de parité.
parity check: contrôle de parité.

parsimonious deconvolution – déconvolution économe, déconvolution parcimonieuse.

parsing – analyse syntaxique.

part – partie.

partial migration – migration partielle avant sommation.

party – équipe, mission.
party chief: chef de mission.
party manager: chef de terrain.

pascal – pascal.

pass – passage.
pass region: bande passante.

passband – bande passante, passe-bande *(adj.)*.

passive – passif, passive.
passive filter: filtre passif.
passive method: sismique passive.
passive seismic: écoute passive, sismique passive.

patch – nappe de sismos *(utilisé en enregistrement transposé)*, rallonge, verrue *(informatique)*.

path – trajectoire, trajet.

pattern – antenne, arrangement, dispositif, disposition, nappe.
pattern recognition: reconnaissance de formes.
pattern shooting: tir en nappe.

pay zone – zone productrice.

PC (printed-circuit) board – carte à circuit imprimé.

PCM (pulse-code modulation) – MIC (modulation par impulsion codée).

peak – arche positive, crête, maximum, pic.
peak acceleration: accélération de pointe.
peak amplitude: amplitude de crête.
peak force: puissance de crête, puissance de pointe.
peak shaving: écrêtage.

peel-off time – correction statique, temps d'effeuillage.

pegleg multiple – multiple en baïonnette, multiple en patte de chien, multiple interne *(courte période)*.

pelagic – pélagique.

penecontemporaneous folding – plissement synsédimentaire.

penetration – pénétration.

pennant line – orin.

percent distortion – taux de distorsion.

perforating gun – perforateur de tubage.

period – période.

periodic function – fonction périodique.

peripheral device – périphérique.

permafrost – pergélisol, permagel.

permanent error – erreur permanente *(erreur d'écriture)*.

permeability – perméabilité.
permeability barrier: barrière de perméabilité.
permeability trap: piège de perméabilité.

permit – autorisation de passage, permis *(d'exploration)*.
permit man: agent de permittage, permitteur.

permitting – permittage.

perpendicular – perpendiculaire.
perpendicular offset: déport latéral, déport perpendiculaire.

petroleum – huile, pétrole.
petroleum geology: géologie pétrolière.
petroleum prospection: exploration pétrolière.

PGC (programmed gain control) – gain programmé.

phantom – fantôme, horizon-fantôme.
phantom diffraction: diffraction-fantôme.

phase – phase.
phase angle: angle de phase, déphasage.
phase-array station: réseau de détection sismique, station sismique complexe.
phase characteristics: caractéristique de phase.
phase coherence: cohérence de phase.
phase comparison: comparaison de phase.

phase control: commande de phase.
phase-correction filter: filtre-compensateur de déphasage, filtre rephaseur.
phase curve: courbe de phase.
phase distortion: distorsion de phase.
phase encoding: codage de phase *(informatique)*.
phase inversion: changement de polarité.
phase jump: enjambement, saut de phase.
phase lag: déphasage, retard de phase.
phase lock: verrouillage de phase.
phase meter: phasemètre.
phase response: réponse de phase.
phase reversal: changement de polarité.
phase shift: déphasage.
phase-shifted traces: traces déphasées *(les unes par rapport aux autres)*.
phase spectrum: spectre de phase.
phase splitting: dédoublement de phase.
phase velocity: vitesse de phase.

phasing – interférence.

phasor diagram – diagramme polaire.

phone – sismo.

photoclinometer – photoclinomètre.

physical modeling – modélisation physique.

physically possible – physiquement réalisable.

pi diagram – diagramme stéréographique.

pick – pointé.

pick (to) – pointer.
pick up (to): enrouler, ramasser.

pickup – capteur, détecteur, entraînement *(par ligne électrique)*, géophone.

pie graph – camembert.

Pie slice – Pie slice *(dénomination commerciale d'un filtre en éventail)*.

piercement trap – piège par percement.

piezoelectric – piézoélectrique.

piggyback sequence – propagation conforme *(d'un chevauchement)*.

pigtail chart – diagramme de pendage.
pigtail connection: connexion en tire-bouchon.

pilot – référence.
pilot plant: unité pilote.
pilot signal: signal de référence, signal-pilote.
pilot trace: trace-pilote.

piloting – pilotage.

pinch-out – biseau.
pinch-out trap: piège par pincement, piège sous discordance.

pinching – pincement.

pinger – balise répondeuse, échosondeur, répondeur de fond.
pinger probe: sondeur de sédiments.

piston – piston.

pitch – inclinaison, latitude de polarisation, tangage.
pitch control: réglage fin de tonalité.

pixel – pixel.

plain – plaine.

plane – plan, plane.
plane polarization: polarisation plane.
plane table: planchette.
plane wave: onde plane.
plane-wave simulation: simulation d'onde plane.

plant – couplage *(d'un sismo avec le sol)*, plantation *(d'un sismo)*.

planter – planteuse *(machine à planter les sismos)*.

plasticity – plasticité.

plate – planche.
plate tectonics: tectonique de plaques.

platform – plate-forme.

playback – rejeu, restitution.
playback filter: filtre de rejeu.
playback gain: gain de rejeu.

plot – relevé, report graphique, restitution, tracé.

plot (to) – dessiner, restituer.

plotted section – coupe restituée.

plotter – appareil de restitution, dessinateur *(cartographe)*, traceur.

plotting table – table traçante.

plug – bouchon, prise.

plumbing – centrage au fil à plomb, plombée.

plunge – plongement.

plus-minus method – méthode des plus-minus.

point – échantillon *(pour un opérateur de filtrage)*, point.
point bar: barre de méandre.
point sort: regroupement *(de traces)*.
point source: source ponctuelle.

pointing error – erreur de cap.

Poisson's ratio – coefficient de Poisson.

Poisson solid – solide de Poisson.

polarity – polarité, polarité d'une réflexion.
polarity convention: convention de polarité.
polarity standard: norme de polarité.

polarization – polarisation.
polarization ellipse: ellipse de polarisation.
polarization filtering: filtrage par polarisation.

polarized connector – connecteur à détrompeur.

pole – jalon, pôle.
pole diagram: diagramme polaire.

polling – interrogation sélective.

polyconic projection – projection polyconique.

pool – gisement.

poop shot – tir de mini-réfraction, tir de réfraction miniature.

pop – pop *(émission de faible énergie)*.
pop-up backthrust: rétrochevauchement en coin soulevé.

porosity – porosité.
porosity overlay: transparent de porosité *(graphique de comparaison de porosité)*.

port – évent *(de canon à air)*, lumière, prise de connexion.

positioning – localisation, positionnement.

positive feedback – rétroaction positive.

posting – affichage, inscription de valeurs, report.

postplot – plan de position final.

poststack – après sommation.

pot – potar *(familier pour potentiomètre)*.

pot (to) – chambrer.

poteclinometer – potéclinomètre.

potential functions – fonctions potentielles.

Poulter method – tir Poulter *(tir en l'air)*.

powder – explosif.

powderman – boutefeu.

power – énergie, pouvoir, puissance.
power spectrum: spectre de puissance, spectre facteur de puissance.
power supply: alimentation (électrique), puissance (électrique).
power-transfer function: facteur de transfert en puissance.

preamplifier – préamplificateur.

precision – précision *(qualité d'un instrument capable de donner le même résultat lorsqu'on répète plus d'une fois la même mesure)*.
precision index: indice de précision.

precursor – précurseur *(n.m.)*.

prediction – prédiction.
prediction error: erreur de prédiction.
prediction lag: longueur de prédiction.

predictive deconvolution – déconvolution prédictive.

preemphasis – filtrage de fréquence avant traitement.

prefiltering – préfiltrage.

preliminary – préliminaire.
preliminary section: coupe préliminaire.
preliminary wave: onde préliminaire.

preplot – plan de position précalculé.

preplot (to) – calculer la route *(navigation)*.

preprint – prétirage.

preprocessing – prétraitement.

preset gain control – présélection du gain.

pressure – pression.
  pressure detector: capteur de pression, hydrophone.
  pressure wave: onde de pression.

prestack – avant sommation, présommation.

presuppression – présuppression.

prewhitening – préblanchiment *(spectre)*.

prills – granulés.

Primacord – Primacord *(dénomination commerciale d'un cordeau détonant)*.

primary – primaire.
  primary colors: couleurs primaires.
  primary porosity: porosité primaire.
  primary radar: radar classique.
  primary reflection: réflexion primaire, réflexion réelle.
  primary-to-bubble ratio: rapport primaire-bulle.
  primary wave: onde P, onde primaire.

prime (to) – amorcer *(explosif)*.

primer – cartouche-amorce, explosif primaire, relais.

principal – principal, principale.
  principal alias: fréquences repliées principales, reflets principaux.
  principal alias lobe: lobe-reflet principal *(diagramme de directivité)*.

principle – principe.
  principle of reciprocity: principe du retour inverse.
  principle of superposition: principe de superposition.

printed circuit – circuit imprimé.

printer – imprimante.

printing – tirage.

priority – priorité.

privilege – priorité, privilège.

probe – sonde.

probe (to) – sonder.

probing – sondage.

problem – problème.

procedure – méthode, mode opératoire, processus, règles de déroulement, règles de service.

process – procédé, processus.

processed section – coupe élaborée, coupe traitée.

processing – traitement.
processing in the field: traitement sur le terrain.
processing parameter: paramètre de traitement.

processor – processeur.

prodelta – prodelta.

producibility-index log – diagraphie d'indice de productivité.

product – produit.

production – production.
production log: diagraphie de production.

profile – coupe, ligne, profil.

profiler – profileur *(appareil à faire des profils)*.

profiling – enregistrement *(d'un profil sismique monotrace)*, exploitation d'un profil sismique, profilage, réalisation d'un profil.

prograding – progradation.

program – programme.
program flowchart: organigramme.
program library: programmathèque.

programmed – programmé, programmée.
programmed gain: gain programmé.
programmed gain control (PGC): commande programmée du gain.

programmer – programmeur.

progressive wave – onde progressive.

projection – projection.

prolongation – prolongement.

PROM (programmable read-only memory) – mémoire morte reprogrammable.

propagation – propagation.
propagation velocity: vitesse de propagation.

property – caractéristique.
  property interest: droit.

prospect – piège prospectif, zone d'intérêt, zone productive potentielle, zone prospective.

prospect (to) – explorer, prospecter.

prospecting – exploration, prospection.
  prospecting seismology: prospection sismique.

protection ratio – taux de protection.

protocol – protocole.

pseudo – pseudo.
  pseudo Rayleigh wave: pseudo-onde de Rayleigh *(familièrement pseudo-Rayleigh).*

pseudoanisotropy – pseudo-anisotropie.

pseudolog – pseudo-diagraphie.

psi – psi *(abréviation de pounds per square inch, 1 Pa = 0,6 psi, 1 psi = 6,9 Pa).*

ptygmatic fold – pli ptygmatique.

pull-apart zone – zone en extension.

pull-down – descente du train de tiges *(forage).*

pull-up – bombement apparent *(en temps).*

pulling unit – appareil de levage *(forage).*

pulse – émission sismique, impulsion, pulse *(radar)*, signal.
  pulse shaping: formage de l'impulsion, mise en forme de l'impulsion, mise en forme du signal.
  pulse stabilization: stabilisation de l'ondelette.
  pulse stretching: étirement du signal.
  pulse test: pulsotest.
  pulse-width modulation: modulation en largeur d'impulsion.

punch – perforé, perforée.
  punch card: carte perforée.
  punch paper tape: bande perforée.

push-down – dépression apparente *(en temps).*

push-down (to) – empiler *(informatique).*

q

Q-band – bande Q.

Q-factor – facteur Q *(qualité)*.

QC (quality control) – contrôle de qualité.

quadrant – quadrant.

quadratic equation – équation du second degré.

quadrature – quadrature.
quadrature filtering: filtrage par polarisation.
quadrature spectrum: partie imaginaire du spectre, spectre en quadrature.
quadrature trace: trace en quadrature.

quality – qualité.
quality control (QC): controle de qualité.

quantify (to) – quantifier.

quantity – grandeur, quantité.

quantize (to) – numériser, quantifier.

quantizing error – erreur de conversion.

quarterboat – base flottante.

quasi-compressional wave – onde de quasi-compression.
quasi-shear wave: onde de quasi-cisaillement.

quaternary – quaternaire.
quaternary gain: gain à base quatre, gain quaternaire.
quaternary-gain amplifier: amplificateur à gain quaternaire.

quefrency domain – domaine log-fréquentiel.

quenching – bruit de sillage, dégradation du signal *(par effet de sillage, en sismique marine)*.

queuing – gestion de file d'attente *(informatique)*.

quotation – cotation.
  quotation mark: guillemet.

quote – guillemet.

r

R-wave – onde de Rayleigh.

radar – radar.
radar imagery: cartographie radar, imagerie radar.

radial – radial, radiale.
radial processing: traitement radial *(antimultiples)*.
radial refraction: tir-réfraction radial.

radian – radian.

radio – radio.
radio firing: tir par radio.
radio frequency: fréquence-radio.
radio positioning: radiolocalisation, radiopositionnement.

radix – base *(d'un système numérique)*.

raft – radier.

RAM (random-access memory) – mémoire à accès direct.

ramp – rampe.

ramp (to) – raccorder *(linéairement)*.

ramping – pondération linéaire.

random – aléatoire.
random access: accès aléatoire, accès direct.
random-access memory (RAM): mémoire à accès direct, mémoire vive.
random noise: bruit aléatoire.

range – étendue, fourchette, gamme, intervalle, plage, portée, rangée de townships *(voir ce mot)*.
range finder: télémètre.
range pole: mire.

ranging – détermination des distances, télémétrie.

rank – ordre *(matrice)*.

RAP (reflection amplitude preservation) – RAP (reflection amplitude preservation) *(dénomination commerciale d'un système de traitement en amplitude préservée)*.

rarefaction – raréfaction.

raster – canevas, trame.
raster scan: balayage récurrent.

rate – taux, vitesse.
rate of expansion: taux d'expansion.
rate station: station pilote principale ou émettrice.

rated capacity – puissance nominale.

ratio – rapport, taux.
ratio modulation: modulation en largeur d'impulsion.

raw – brut, brute.

ray – rai, rayon.
ray parameter: paramètre du rayon *(lenteur apparente)*.
ray tracing: lancer de rayons, tracé des rayons.

Raydist – Raydist *(dénomination commerciale d'un système de radiolocalisation)*.

Rayleigh wave – onde de Rayleigh.

raypath – rayon, trajectoire sismique.
raypath curvature: courbure de la trajectoire, courbure du rayon.
raypath parameter: lenteur apparente, paramètre de rayon.

reactance – réactance.

read (to) – entrer *(informatique)*, lire.

read-after-write – relecture immédiate.

read-only memory (ROM) – mémoire fixe.

readability – détectabilité, lisibilité *(radio)*, seuil de détection.

real – réel, réelle.
real memory: mémoire centrale, mémoire réelle.
real time: temps réel.

realizable filter – filtre réalisable.

rebound – rebond.

receiver – capteur, récepteur.
  receiver magazine: cassette, magasin.
  receiver point: station d'enregistrement.

reciprocal – inverse, réciproque.
  reciprocal method: méthode du retour inverse.
  reciprocal time: temps de retour inverse, temps de trajet inverse, temps des trajets réciproques.

reciprocity principle – principe de réciprocité, principe du retour inverse.

reconnaissance – reconnaissance.

reconstitute (to) – suréchantillonner.

record – enregistrement, relevé.
  record filter: filtre d'enregistrement.
  record length: longueur d'enregistrement.
  record section: coupe sismique.
  record time: temps enregistré.

record (to) – enregister.

recording – enregistrement.
  recording instruments: laboratoire d'enregistrement.
  recording station: station d'enregistrement.
  recording time: durée d'enregistrement.
  recording truck: camion-laboratoire.

recover (to) – récupérer.

recoverable – récupérable.

recovery – récupération.

rectifier – redresseur.

rectify (to) – corriger, rectifier, redresser.

rectilinear – orthogonal, rectiligne.

recumbent fold – pli couché.

recursive – récurrent, récurrente *(récursif est incorrect)*.
  recursive filter: filtre récurrent.

red-tape operations – servitudes *(ordinateur)*.

reduced – réduit, réduite.
  reduced refraction section: coupe des temps à l'origine *(réfraction)*.
  reduced traveltime: durée de trajet réduite, temps à l'origine *(réfraction)*, temps réduit.
  reduced vertical profile: PSV réduit (à l'horizontale).

reduction – réduction.

redundancy – redondance.

reef – récif.

reel – bobine, tambour de treuil, touret.
reel truck: câblière, camion-câble.

reference – référence, repère.
reference plane: plan de référence.
reference seismometer: sismo de référence.

reflected – réfléchi, réfléchie.
reflected raypath: rayon réfléchi.
reflected refraction: réfraction réfléchie.

reflecting point – point-miroir.

reflection – réflexion.
reflection angle: angle de réflexion.
reflection-character analysis: analyse du caractère d'une réflexion.
reflection coefficient: coefficient de réflexion.
reflection configuration: organisation des réflexions.
reflection law: loi de réflexion.
reflection polarity: polarité de la réflexion.
reflection shooting: sismique-réflexion.
reflection strength: amplitude analytique, amplitude de l'enveloppe *(trace complexe)*, amplitude de réflexion *(trace complexe)*.
reflection survey: campagne de sismique-réflexion.

reflectivity – coefficient de réflexion, réflectivité.
reflectivity function: trace impulsionnelle.
reflectivity section: coupe de coefficients de réflexion.

reflector – miroir, réflecteur.
reflector-curvature effect: effet de courbure d'un miroir.

reformatting – changement de format, reformatage.

refracted raypath – rayon réfracté.

refraction – réfraction.
refraction angle: angle de réfraction.
refraction count: différentiel Doppler *(navigation par satellite)*.
refraction marker: marqueur-réfraction.
refraction shooting: profil-réfraction, sismique-réfraction.
refraction survey: campagne de sismique-réfraction.
refraction test: sondage-réfraction.
refraction wave: onde conique, onde réfractée.

refractive index – indice de réfraction.

refractor – marqueur.

register – registre.

regression – régression.

regressive wave – onde régressive.

reinforce (to) – renforcer.

reinterpretation – réinterprétation.

reject – rejet.
reject filter: filtre éjecteur.
reject region: bande de rejet *(réjection n'est pas français)*, plage d'atténuation.

relaxation time – temps d'expansion, temps de relaxation.

relay – relais.

release – dégagement.
release rate: taux d'expansion.
release time: temps d'expansion.

relief displacement – parallaxe.

reluctance – réluctance.

remote – distance (à).
remote firing: tir à distance.
remote job entry (RJE): soumission des tâches à distance, télétraitement.
remote processing: télétraitement.
remote sensing: télédétection.

remove (to) – éliminer.

repair (to) – dépanner, réparer.

repeatability – fidélité, répétabilité.

replacement velocity – vitesse de comblement.

replay (to) – rejouer.

replicate (to) – dupliquer.

replicating function – peigne.

report – rapport.

reproducible recording – enregistrement reproductible.

resample (to) – rééchantillonner.

resection – localisation par méthode des chapeaux, recoupement, relèvement *(sur trois points)*.

resemblance – ressemblance.

reserve (to) – réserver.

reservoir – réservoir.
reservoir rock: roche-magasin, roche-réservoir.

resident program – programme résident.

residual – résidu, résiduel, résiduelle *(adj.)*, résiduelle *(n.f.)*.
residual anticline: pseudo-anticlinal.
residual normal moveout: delta-t résiduel.

residualize (to) – réduire à l'anomalie résiduelle.

resistance – résistance, tenue.

resistor – résistance.

resolution – pouvoir de séparation, pouvoir séparateur *(sismique)*, résolution, résolvance.

resolvable limit – pouvoir séparateur, résolvance.

resolve (to) – résoudre.
resolve (to) a lane ambiguity: levé de doute (faire un).

resonance – résonance.

resonant – résonnant, résonnante.
resonant frequency: fréquence de résonance, fréquence propre.

response – réponse.
response time: temps de réponse.

restore (to) – rejouer, restaurer, restituer.

restored section – paléocoupe.

results – résultats.

retarded – retardé, retardée.
retarded potentiel: potentiel retardé.
retarded time: retard.

retrocorrelation – rétrocorrélation.

retrocorrelogram – rétrocorrélogramme.

retrograde – rétrograde.

return – retour.

reverberation – pédalage, réverbération *(souvent dans la tranche d'eau).*

reversal – contre-pendage.

reverse – inverse.
reverse branch: branche inverse, branche rétrograde.
reverse control: tirs direct et inverse, tirs réciproques.
reverse fault: faille inverse.
reverse migration: antimigration.
reverse Polish notation (RPN): notation polonaise inverse.
reverse shot: tir inverse.
reverse-wound geophone: sismo à montage antironflette.

reversed – inverse.
reversed polarity: polarité inverse *(improprement)*, polarité opposée.

reversible process – processus réversible.

review (to) – réviser, revoir *(une interprétation).*

revise (to) – réviser.

reworking – rejeu.

rheology – rhéologie.

rho-rho determination – positionnement distance-distance, positionnement rhô-rhô.
rho-theta determination: positionnement rhô-théta.

rhumb line – loxodromie.

ribbon – ruban.

Richter scale – échelle Richter.

Ricker wavelet – ondelette de Ricker.

ridge – dorsale.

Rieberize (to) – sommations obliques (faire des).

rift – fossé d'effondrement, rift (graben d'extension régional).

rig – appareil de forage.

right – droit *(n.m.)*, droit, droite.
right ascension: ascension droite.
right-lateral fault: faille dextre.

rigidity modulus – module de rigidité.

rigidness – rigidité.

rim syncline – dépression périclinale, synclinal bordier.

ringing – pédalage, résonance, réverbération.

ringy – oscillant, oscillante, résonnant, résonnante.

ripple filter – filtre de lissage.

rise-time error – retard de détection.

RMS (root mean square) – quadratique moyen.
RMS error: écart-type, erreur quadratique.
RMS positional error: cercle d'erreur.
RMS value: moyenne quadratique, valeur efficace.
RMS velocity: vitesse quadratique moyenne.

robust – robuste, tolérant *(informatique)*.

rock – roche.
rock salt: sel gemme.

rockbit – tricône.

rod – mire *(de nivellement)*.

rodman – porte-mire.

roll – roulis.

roll-along – exploitation continue *(d'un profil)*, exploitation en couverture multiple.
roll-along switch: camembert *(familier)*, commutateur *(de couverture multiple)*.

roll-in – montée en couverture, transitoire d'entrée en couverture.

roll-off – atténuation, fréquence de coupure.
roll-off slope: pente de coupure.

roll-out – sortie de couverture, transitoire de sortie de couverture.

roll-over – inversion de pendage.
roll-over anticline: anticlinal de compensation.

roller – rouleau.
roller bit: outil à molettes, trépan à molettes, trépan à rouleaux.
roller guide: rouleau-guide.

ROM (read-only memory) – mémoire fixe.

root – racine *(mathématiques, géologie)*.
root mean square (RMS): quadratique moyen.

rose – diagramme polaire.

rotary – rotatif, rotative.
rotary drilling: forage rotary *(par rotation)*.
rotary table: table de rotation.

rotational – rotationnel.
rotational latency: temps de positionnement d'un disque *(informatique)*.
rotational wave: onde rotationnelle, onde S.

rough – accidenté, rugueux.

roughness – rugosité.

round of bidding – tour d'enchères.

round-off error – erreur d'arrondi.

rounded off – approché, approchée.

row matrix – matrice-ligne.

RPS – RPS *(dénomination commerciale d'un système de positionnement.*

RTU (remote telemetry unit) – station de télémesure.

rugged – accidenté, robuste, rugueux, solide.

ruggedize (to) – consolider, renforcer.

rugosity – irrégularité *(paroi de forage)*, rugosité.

rule – règle.

rumble – ronronnement (tourne-disques).

run time – temps d'exécution *(informatique)*.
run-time error: erreur en cours d'exécution.

running-in – descente du train de tiges.
running window: fenêtre mobile, plage glissante.

RZ (return to zero) – retour à zéro, RAZ.

S

S/(S+N) filter – filtre de Wiener.

S-P interval – retard S sur P.

S-wave – onde S, onde transversale.

sabkha, sebkha – sebkra, sebkha.

safety distance – distance de tir *(sécurité).*

sag distorsion – distorsion en creux.

SAILE – SAILE *(acronyme pour une méthode de diagraphie d'impédence acoustique, s'orthographie aussi SAIL).*

salt – sel.
salt dome: dôme de sel.
salt lead: avance due au sel.
salt tectonics: tectonique salifère.

sample – échantillon.
sample and hold: échantillonneur-bloqueur.
sample interval: pas d'échantillonnage.
sample rate: fréquence d'échantillonnage, taux d'échantillonnage.

sampler – échantillonneur.

sampling – échantillonnage.
sampling error: erreur d'échantillonnage.
sampling frequency: fréquence d'échantillonnage.
sampling function: matrice de diracs, peigne de diracs.
sampling interval: pas d'échantillonnage.
sampling rate: fréquence d'échantillonnage, taux d'échantillonnage.
sampling skew: biais d'échantillonnage.
sampling theorem: théorème de Nyquist.

sand – sable.
sand line: ligne des sables, limite du sable.
sand volcano: volcan de sable.

sandstone – grès.

saphe – saphe *(équivalent de phase dans le domaine du cepstre).*

satellite pass – passage de satellite.

satnav – navigation aux satellites.

saturation – saturation.

sausage powder – boudin d'explosif.

sawtooth pattern – disposition en dents de scie, disposition en zig-zag.

scalar – scalaire.
scalar-wave equation: équation de l'acoustique, équation scalaire de propagation *(dans les fluides).*

scale – échelle.
scale modeling: modélisation analogique, modélisation physique.

scaler – facteur d'échelle.

scaling – égalisation statique, mise à l'échelle, scalant, scalante.
scaling factor : facteur d'échelle.

scan – balayage, investigation.

scatter – diffraction.
scatter diagram: diagramme de dispersion.

scatterer – diffuseur, point diffractant, point diffringent.

scattergram – diagramme de dispersion.

scattering – diffusion *(d'énergie)*, dispersion.

schist – schiste.

schlieren method – méthode des stries, méthode schlieren.

scouting – recherche d'information, reconnaissance.

scratch-pad memory – mémoire-tampon.

screen rows – baie d'écrans *(assemblage d'écrans disposés côte à côte).*

scrolling – défilement *(écran).*

seal – couverture, étanchéité.

seal (to) (a hole) – obturer (un trou de forage).

sealing – scellement.
sealing fault: faille-barrière, faille d'étanchéité.
sealing formation: roche-couverture.

seamount – guyot, mont sous-marin.

search time – temps de recherche.

secant projection – projection sécante.

second – second, seconde.
second arrival: arrivée seconde.
second critical angle: angle critique de conversion.
second-order correction: correction de deuxième ordre.

secondary – secondaire.
secondary lobe: lobe secondaire.
secondary oil recovery: récupération secondaire *(du pétrole)*.
secondary pattern: réseau de dégrossissage *(radiopositionnement)*.
secondary porosity: porosité secondaire .
secondary reflection: réflexion multiple.
secondary wave: onde S, onde secondaire.

secret – secret, secrète.

section – brin *(de flûte)*, coupe *(à utiliser de préférence pour représentations verticales)*, élément *(de flûte)*, section *(à utiliser de préférence pour des représentations à temps constant)*.

sectional correlogram – corrélogramme.

sediment – sédiment.

sedimentary – sédimentaire.
sedimentary basin: bassin sédimentaire.
sedimentary-cover structures: tectonique de couverture.
sedimentary rock: roche sédimentaire.
sedimentary structure: structure sédimentaire.

sedimentology – sédimentologie.

seepage – indice de surface, suintement.

seis – sismo.

Seiscrop – Seiscrop *(dénomination commerciale d'une coupe sismique à un certain temps pour une étude 3D)*.

Seislog – Seislog *(dénomination commerciale d'une diagraphie sismique).*

seismic – sismique.
seismic basement: socle acoustique, socle sismique.
seismic discontinuity: discontinuité sismique.
seismic efficiency: rendement sismique.
seismic-electric effect: effet sismoélectrique.
seismic event: événement sismique.
seismic exploration: prospection sismique.
seismic facies: sismofaciès.
seismic gap: lacune sismique.
seismic log: diagraphie acoustique, diagraphie sismique.
seismic method: sismique.
seismic noise: bruit sismique.
seismic prospecting: prospection sismique.
seismic record: film *(sismique).*
seismic record(ing): enregistrement sismique.
seismic-reflection method: sismique réflexion.
seismic-refraction method: sismique refraction.
seismic section: coupe sismique.
seismic-sequence analysis: étude de la séquence sismique.
seismic software: logiciel sismique.
seismic stratigraphy: sédimentologie sismique, sismosédimentologie *(interprétation sédimentologique de la sismique)*, stratigraphie sismique.
seismic survey: sismique.

seismicity – sismicité.

seismics – sismique.

seismogram – sismogramme.

seismograph – géophone, sismographe.

seismologist – sismicien, sismologue.

seismology – séismologie *(forme ancienne de sismologie)*, sismologie.

seismometer – sismomètre.

seismoscope – sismoscope.

seismotectonic – sismotectonique.

Seisviewer – Seisviewer *(dénomination commerciale d'un dispositif d'observation.*

selective stacking – addition sélective.

semaphore – sémaphore.

semblance – semblance *(mesure de cohérence).*

semi – semi.

semiconductor – semi-conducteur.

semifinite – semi-fini, semi-finie.

semiinfinite – semi-infini, semi-infinie.

send (to) – transmettre.

sensitivity – sensibilité.

sensor – capteur.

separation – déport, distance, écart, rejet, séparation.

separator – séparateur.

sequence – enchaînement, séquence.
sequence analysis: analyse séquentielle.

series – série.

setting – mise.

setup – dispositif, montage.

SH-wave – onde secondaire horizontale, onde SH.

Shadcon – Shadcon *(dénomination commerciale d'une représentation en couleur).*

shadow – ombre.
shadow zone: zone d'ombre, zone sourde.

shah – peigne.

shake table – table à secousses, table vibrante.

shale – argile *(roche)*, pélite, roche argileuse, schiste.
shale baseline: ligne de référence des argiles, limite de l'argile.

shaliness – argilosité, teneur en argile.

shallow – peu profond, peu profonde.
shallow earthquake: séisme superficiel *(0-60 km).*
shallow-water shooting: sismique en eau peu profonde.
shallow-water survey: prospection en eau peu profonde.

shaly – argileux, argileuse.

shape anisotropy – anisotropie de texture.

shaped charge – charge creuse.

shaping deconvolution – déconvolution de mise en forme.

sharp – aigu, aiguë.

shattering – brisant.

shear – cisaillement.
shear modulus: module de cisaillement, module de glissement, module de rigidité.
shear stress: contrainte de cisaillement, contrainte tangentielle.
shear wave: onde de cisaillement.

shearing strain – déformation tangentielle.

shielding – blindage.

shift – décalage, déphasage, déplacement, poste *(travail posté)*.
shift register: registre à décalage.

shingling – écailles (en), marches d'escalier (en).

shoal – banc, haut-fond.

shock – à-coup.
shock wave: onde de choc.

shoot (to) – exécuter une campagne sismique, provoquer un tir, provoquer une émission acoustique, tirer, viser *(topog.)*.
shoot (to) on paper: projeter.
shoot (to) the sun: soleil (faire un) *(topog.)*.

shooter – boutefeu.

shooting – tir.
shooting a well: enregistrement d'un carottage sismique.
shooting box: boîte de tir.
shooting interval: pas de tir.
shooting line: ligne de tir.
shooting rate: intervalle de tir, temps de tir.
shooting station: point de tir.
shooting under: tir par en-dessous.

Shoran (short-range navigation) – Shoran *(acronyme d'un système de repérage)*.

short – court, courte.
short-path multiple: multiple à court trajet.
short shot: tir de réfraction miniature.
short-trace section: coupe-trace proche.

shot – émission sismique, tir, visée *(topog.)*.
shot bounce: effet de choc *(sur le camion-laboratoire)*.

shot box : boîte de tir.
shot break: instant initial, rupture, temps zéro.
shot depth: profondeur d'enfouissement, profondeur de tir.
shot effect: bruit de grenaille, effet de grenaille.
shot instant: instant initial.
shot interval: pas d'avancement, pas de tir.
shot-moment line: circuit de rupture.
shot noise: bruit de semi-conducteur, bruit de tir.
shot spacing: pas de tir.

shothole – trou de tir.
shothole elevation: altitude de la gueule du trou.
shothole fatigue: fatigue du trou de tir.
shothole log: rapport de forage.

shotpoint (SP) – point d'émission, point de vibration (PV), point de tir (PT).
shotpoint gap: fenêtre d'enregistrement, fenêtre de tir.
shotpoint seis: sismo de trou.
shotpoint seismometer (SPS): sismo de gueule de trou, sismo de temps vertical.

shoulder – épaulement *(d'une courbe)*, talon.

Shover – Shover *(dénomination commerciale d'une source sismique de surface produisant des ondes S).*

show – indice *(d'huile ou de gaz).*

shuttle – navette, piston.

side – latéral, latérale.
side lobe: lobe latéral.
side-looking sonar: sonar latéral.
side-scan sonar: sonar latéral.
side shot: visée latérale.

sideswipe – arrivée latérale.

sidewall – paroi latérale.
sidewall core: échantillon de paroi *(CLAB, familier).*
sidewall pad: patin *(outil de diagraphie).*
sidewall sampler: carottier latéral.
sidewall sampling gun: carottier latéral à balles (CLAB).

sight – percée, visée.

sighting – visée.

sigmoid configuration – allure sigmoïde.

sign bit – bit de signe.
sign-bit recording: enregistrement des passages à zéro, enregistrement en bit de signe.

signal – signal.
signal correction: correction de signal.
signal enhancement: amélioration du signal.
signal theory: théorie du signal.
signal-to-noise ratio: rapport signal sur bruit.

signature – signature.
signature deconvolution: déconvolution par la signature.

significance – précision relative.
significance level: probabilité complémentaire.

silent earthquake – reptation.

silt – aleurite, silt.

similar fold – pli, pli semblable.

similarity – ressemblance, similitude.

Simplan (simulated plane waves) – Simplan *(dénomination commerciale d'un procédé de traitement).*

simple – simple.
simple multiple: multiple en W, multiple simple, premier multiple.

simulate (to) – simuler.

simulation – simulation.

sinc x – sinus cardinal de x.

sine transform – partie impaire d'une transformée *(de Fourier).*

sing around – mesure par fréquence d'échos.

singing – pédalage *(dans la tranche d'eau)*, réverbération dans l'eau.

single – simple.
single-channel filtering: filtrage monocanal.
single coverage: couverture simple.
single-ended spread: dispositif en bout.
single-sideband (SSB): bande latérale unique (BLU).

singularity – point singulier, pôle *(fonction).*

singy – oscillant, oscillante, pédalant, pédalante, résonnant, résonnante.

sinistral – sénestre.

sink – point de convergence.

sinusoid – sinusoïde.

sixfold – ordre six (d').

skew – biais, effet-lacet *(produit un défaut d'écriture sur une bande magnétique)*.
skew-symmetric: antisymétrique.

skewness – asymétrie, obliquité.

skid – patin, traîneau sur ponton.

skidded shot – tir déplacé, tir déporté.

skin – gaine (du câble).

skip – manque (d'information), saut de phase, trou (d'information).
skip distance: portée minimale.
skip mixing: composition de traces non adjacentes, mixage-feston.

sky wave – onde de ciel.
sky-wave interference: interférence par ondes de ciel.

Slalom – Slalom *(dénomination commerciale d'un programme de traitement de profils sinueux)*.

slant – inclinaison, oblique.
slant-path correction: correction d'obliquité.
slant range: portée oblique.
slant stack: addition oblique.

slash (budget) – coupes (budgétaires).

slate – ardoise.

slave – esclave.
slave drum: tambour asservi.
slave station: station asservie.

sleeper – explosif préchargé.

sleeve – manchon.

Sleeve exploder – Sleeve exploder *(dénomination commerciale d'une source sismique marine)*.

slew (to) – pivoter.

slew rate – vitesse de réponse, vitesse de suite, vitesse maximale d'alimentation *(d'un échantillonneur ou d'un multiplexeur)*.

slice – section, tranche.

sliding window – fenêtre glissante.

slime – vase.

slope – pente.

sloping – pentu, pentue.

slot – encoche, fente.

Slotnick method – méthode de Slotnick *(réfraction)*.

slow wave – onde lente.

slowness – lenteur.

slumping – glissement en masse synsédimentaire.

slurry explosive – coulis d'explosif.

slush pit – bac à boue, bassin à boue.

smart stacking – addition sélective.

smear – empâtement, mixage brouillon, taches (composition en).

smear (to)– baver.

smile – sourire.

smoothing – lissage, réduction à une référence.

Snell's law – loi de Descartes, loi de Snell-Descartes.

sniffer – renifleur.

snorkel – schnorkel, tuba.

soak (to) – imbiber, imprégner, mettre en condition.

soft rock – roche sédimentaire, roche tendre.

software – logiciel.

sole – mur (d'une couche) *(géol.)*, radier, semelle *(génie civil)*.

solid – solide.
  solid state: état solide, semi-conducteurs (à).

solution – résolution.

solve (to) – résoudre.

sonar – sonar.

sonde – sonde *(diagraphie)*.

sonic – acoustique, sonique *(diagraphie).*
sonic log: diagraphie sonique, Sonic log *(dénomination commerciale).*
sonic wave: onde acoustique, onde sonore.

sonobuoy – bouée acoustique, bouée émettrice.

sonography – sonographie.

Sonoprobe – Sonoprobe *(dénomination commerciale d'un sondeur de sédiments).*

sophisticated – complexe, élaboré, élaborée.

SOSIE – SOSIE *(acronyme pour SOurce SIsmique Encodée).*

sound – son.

sound (to) – sonder.

sound wave – onde acoustique, onde sonore.

sounding – sondage.

source – source.
source code: code-source.
source pattern: arrangement de sources sismiques, dispositif d'émission.
source program: programme-source.
source-receiver product: multiplicité (ordre de).
source rock: roche-mère.

south-seeking pole – pôle Sud magnétique.

SP (shot point) – PT (point de tir).

space – espace.
space filtering: filtrage spatial.
space-frequency domain: domaine des fréquences spatiales, domaine des nombres d'onde.
space-time filter: filtre dans le domaine spatio-temporel, filtre f-k.

spacer section – brin mort, élément neutre, rallonge *(flûte marine).*

spacing – écartement *(entre émetteur et milieu des récepteurs, entre traces).*

span – intervalle *(entre récepteurs)*, portée.

spark – étincelle.

sparker – étinceleur.

spatial – spatial, spatiale.
spatial aliasing: aliasage spatial, repliement spatial du spectre.
spatial frequency: fréquence spatiale, nombre d'onde.

specific acoustic impedance – impédance acoustique spécifique ou caractéristique.

specification – caractéristique, norme.
specification sheets: cahier des charges.

spectral – spectral, spectrale.
spectral analysis: analyse spectrale.
spectral density: densité spectrale.

spectrum – spectre.

specular – spéculaire.

speed – vitesse.

spherical – sphérique.
spherical coordinates: coordonnées sphériques.
spherical divergence: divergence sphérique.
spherical excess: excès sphérique.
spherical harmonic: harmonique sphérique.
spherical triangle: triangle sphérique.
spherical wave: onde sphérique.
spherical wavefront: front d'onde sphérique.

spheroid – sphéroïde.

spike – dirac, impulsion.

spike (to) – comprimer le signal, contracter le signal, pincer le signal.

spiking – compression d'impulsion.
spiking deconvolution: déconvolution blanchissante, déconvolution contractante, déconvolution non prédictive.

spikogram – trace impulsionnelle.

spill point – point de fuite *(d'une structure)*.

spirit level – niveau à bulle, nivelle.
spirit leveling: nivellement.

spline – pistolet *(dessin)*.
spline function: fonction spline.

split spread – dispositif à cheval.
split-spread shooting: tir au centre.

sponsor – commanditaire, parrain.

spot correlation – corrélation à distance, corrélation à l'estime, corrélation à vue.

spread – dispositif *(d'acquisition, de réception ou d'exploitation)*.
spread correction: correction d'obliquité, delta-t.

spreading – divergence, étalement, expansion.

spring (to) – chambrer.

springing – chambrage.

SPS (shotpoint seismometer) – sismo de gueule de trou.

spudding – forage par battage.
spudding in: démarrage du forage.

spur – trace.

spurious event – événement fictif, événement parasite.

square wave – créneau, signal carré.

squash plot – coupe comprimée.

squeeze camera – caméra anamorphotique.
squeeze section: coupe anamorphosée, coupe comprimée.

squelch circuit – atténuateur de bruit.

squiggle – trace galvanométrique.
squiggle display: représentation galvanométrique.

SSB (single-sideband) – BLU (bande latérale unique).

stability – stabilité *(d'un filtre)*.

stack – addition, composition, sommation, somme.

stacked trace – trace-somme.

stacker – additionneur, sommateur.

stacking – addition, sommation.
stacking chart: diagramme de couverture *(multiple)*, plan de couverture *(multiple)*.
stacking velocity: vitesse de sommation.

stadia – mire *(de précision)*, stadia.
stadia factor: coefficient stadimétrique.
stadia tables: tables de Pons, tables stadimétriques.

Stagarray – Stagarray *(dénomination commerciale d'un arrangement de canon à air)*.

stage – étage.

staggered – décalé en quinconce, parallèle (en), quinconce (en).

stake – électrode, piquet.
stake resistance: isolement d'une électrode, résistance de prise de terre.

stake (to) – borner *(une concession)*, piqueter.

standalone – autonome, indépendant, indépendante.

standard – étalon, normal, normale, norme.
standard curve: abaque *(n.m.)*, courbe-type.
standard deviation: écart quadratique, écart-type.
standard error: écart-type.
standard format: format normal, format-type.
standard line: ligne d'échelle conservée.
standard meridian: méridien-origine.
standard parallel: parallèle d'échelle conservée.
standard polarity: polarité normale.
standard section: coupe-type.

standby – attente, en réserve.

standing wave – onde stationnaire.

standoff – centreur, distance annulaire *(de l'outil de forage aux parois du trou)*.

standout – dépassement de la moyenne *(n.m.)*, hors norme *(adj.)*.

start – départ.

starved basin – bassin sous-alimenté.

state – état.
state variable: variable d'état.

static – statique.
static correction: correction statique, statique *(n.f. employé pour correction statique)*.

station – lieu *(de vibration)*, point d'accès *(d'un système de communication)*, poste, station, trace.

stationary – stationnaire.
stationary filter: filtre stationnaire.
stationary mass: masse inerte.
stationary wave: onde stationnaire.

statistical – statistique.
statistical coefficient of variation: coefficient statistique de variation.
statistical stacking: addition statistique, sommation statistique.
statistical variance: variance *(carré de l'écart-type)*.

statute mile – mile terrestre *(1609,31 m).*

steady – permanent, permanente, stationnaire.
steady gain: gain fixe.
steady mass: masse inerte.
steady state: état d'équilibre, état stable, état stationnaire, régime permanent.

steam gun – canon à vapeur.

steer (to) – diriger, sommation oblique (faire une).

Stefanesco function – noyau de Stefanesco.

step – pas.
step fault: faille en escalier.
step function: échelon, fonction-échelon.

stepback – correction d'antenne.

stepout – courbure d'indicatrice, delta-t.

stepped-gain amplifier – amplificateur à sauts de gain.

steradian – stéradian.

stick – bâton, échantillon, flèche.
stick plot: planche à clous.

sticker – marque refléchissante *(de bande magnétique).*

stickogram – diagramme en bâtonnets, représentation à bâtonnets.

stiffness – rigidité.

stillstand – période d'équilibre statique, zone d'équilibre statique.

stochastic – aléatoire, stochastique.

Stoneley wave – onde de Stoneley.

storage – mémoire, stockage.

stout – robuste.

STP (standard temperature and pressure) – conditions normales de température et de pression.

straddle spread – dispositif à cheval.

straight – brut *(non mixé)*, brute, droit, droite, non mixée *(trace)*, pur, pure.
straight line: droite.

strain – déformation, effort.
strain ellipsoid: ellipsoïde des déformations.
strain energy: énergie de déformation.
strain release: relâchement des contraintes.
strain seismometer: sismographe de déformation.

stratal surface – surface de strate.

stratification – stratification.

stratigraphic – stratigraphique.
stratigraphic interpretation: interprétation sédimentologique, interprétation sismique.
stratigraphic section: coupe stratigraphique.
stratigraphic trap: piège stratigraphique.

stratigraphy – stratigraphie.

streamer – flûte, flûte marine.
streamer feathering: dérive en épi du câble.
streamer jerk: à-coup sur le câble.

strength – force, résistance, tenue.

strengthen (to) – renforcer.

stress – contrainte, effort, sollicitation.
stress tensor: tenseur des contraintes.

stretch – allongement, étirement, portée.
stretch member: élément-amortisseur de traction *(d'une flûte)*.
stretch modulus: module d'allongement.
stretch section: élément-amortisseur de traction.

stretch (to) – allonger.

stretching – recontrastage *(traitement d'images)*.

strike – direction d'une couche ou d'un plan de faille.
strike fault: faille directionnelle.
strike line: profil de niveau.
strike-slip fault: faille à décrochement horizontal, faille à rejet horizontal.

string – bretelle *(de géophones)*.
string galvanometer: galvanomètre à fil.
string of charges: chapelet de charges.

stringer – intercalation, lentille.

strip chart – bande d'enregistrement graphique.
strip-chart recorder: enregistreur graphique.

stripping – écorchage, effeuillage.

strobe (to) – stroboscoper.

strong-motion accelerometer – accéléromètre autodéclenché.

structural – structural, structurale.
structural closure: fermeture structurale.
structural geology: géologie structurale.
structural interpretation: interprétation structurale.
structural section: coupe structurale.
structural style: style tectonique.
structural trap: piège structural.

structure – structure *(parfois piège)*.

strum – vibration *(câble)*.

stub – talon.

subbottom layer – tréfonds.
subbottom profiler: profileur sous-marin, sondeur sismique.

subcarrier – sous-porteuse.

subcrop – sous-affleurement.

subduction zone – zone de subduction.

submarine fan – delta sous-marin.

submergence – submersion.

subpoint – lieu *(d'émission)*, position d'un élément dans un dispositif.

subroutine – sous-programme.

subsample (to) – sous-échantillonner.

subshot – tir élémentaire.

subsurface – sous-sol.
subsurface coverage: couverture en profondeur, couverture-miroir.
subsurface-stacking chart: diagramme de couverture en profondeur.
subsurface trace: lieu des points-miroirs, trace en profondeur.

subtractive primary colors – couleurs primaires soustractives.

subweathering velocity – vitesse de comblement, vitesse de remplacement, vitesse sous zone altérée.

successive approximations – approximations successives.

sum – addition.

summation check – contrôle de sommation.

sun shot – soleil *(en topographie on dit: faire un soleil)*, visée sur le soleil.

superimposed mode – rejeu composite.

supernormal pressure – surpression.

superposition – superposition.

supervisor – superviseur.

suppression – présuppression.

surface – surface.
surface anomaly: anomalie de surface, anomalie superficielle.
surface-consistent correction: correction compatible en surface.
surface-consistent model: modèle cohérent en surface.
surface correction: correction de surface.
surface damage: dégats de passage.
surface fitting: ajustement d'une surface.
surface method: méthode de surface.
surface SH-wave: onde de Love.
surface shooting: tir en surface.
surface source: source de surface.
surface-stacking chart: diagramme d'exploitation en surface, plan de couverture.
surface wave: onde de surface.

surgical muting – mutage chirurgical.

survey – campagne, étude, levé, prospection, relevé.

survey (to) – étudier, lever *(topog.)*, prospecter.

surveying – levé.

surveyor – topographe.

SV-wave – onde SV.

swamp shooting – sismique de marais.

swarm – essaim.

swath – andain *(profil large, sismique 3D)*, couloir exploré.

sweep – balayage.
sweep generator: générateur de balayage.

sweep (to) – balayer.

swell – houle.

switch – commutateur.

switching – aiguillage.

swivel (to) – pivoter.

Syledis – Syledis *(dénomination commerciale d'un système de radionavigation).*

symposium – colloque.

synchronous – synchrone.

syncline – synclinal.

synergetic – synergique.

synformal anticline – faux synclinal.

synthesis – synthèse.

synthetic – synthétique.
synthetic acoustic-impedance log: diagraphie de pseudo-impédance acoustique.
synthetic aperture: ouverture synthétique.
synthetic fault: faille synthétique.
synthetic seismogram: film synthétique, sismogramme synthétique.
synthetic sonic log: diagraphie acoustique synthétique.
synthetic trace: trace synthétique.

Syslap method – méthode Syslap *(dénomination commerciale d'une technique de camouflet).*

system – système.

systematic error – erreur systématique.

t

T-D (time-depth) curve – courbe temps-profondeur.

T-D (time-distance) curve – dromochronique.

t-delta-t analysis – analyse t-delta-t.

T-phase – phase T.

T-spread – dispositif en T.

T-wave – onde T.

T-X curve – courbe temps-distance, dromochronique *(dromo)*, hodochrone, indicatrice.

tab – cavalier *(étiquette)*.

table – table, tableau.

tachometer – tachéomètre.

tadpole plot – diagramme de fléchettes.

tag bus – bus auxiliaire.

tail – queue.
tail buoy: bouée de queue.
tail-end: arrière, queue.
tail-end spread: dispositif arrière.
tail mute: équeutage, mute externe.

tailing – allongement arrière, queutage.

takeout – prise, sortie.

tamp (to) – bourrer.

tamper – bourroir, dame *(travaux publics)*.

tamping – bourrage.

tangent projection – projection tangente.

tangential – tangentiel, tangentielle.
tangential stress: contrainte tangentielle.
tangential wave: onde de cisaillement.

tap test – essai au (coup de) pied *(essai de fonctionnement par coup de pied léger à un sismo)*.

tape – bande, ruban.
tape controller: contrôleur de bande.
tape-guide pins: galet-guide de bande.
tape mark: marque *(sur une bande magnétique)*.
tape speed: vitesse de défilement, vitesse de déroulement.
tape transport: dérouleur de bande.
tape unit: dérouleur de bande.

taper mixing – mixage dégressif, mixage pondéré.

tapered – conique, ébrasé, ébrasée, pondéré, pondérée *(en fuseau)*, rampe (à).

taphrogenesis – taphrogenèse.

TAR (true-amplitude recovery) – restitution des amplitudes réelles, restitution en amplitude préservée.

tar seal – bouchon d'asphalte.

target – cible, mire *(topog.)*, mirette *(topog.)*, objectif.

tau-p mapping – représentation tau-p.

TB (time break) – rupture.

TD (total depth) – profondeur finale *(d'un puits)*.

tear fault – faille de décrochement.

tectonic map – carte tectonique.

tectonics – tectonique.

telemetering – télémesure.

telemetry – télémesure *(le terme français « télémétrie » signifie mesure des distances)*.

teleprocessing – télétraitement.

TELSEIS – TELSEIS *(dénomination commerciale d'une méthode sismique)*.

template – gabarit, modèle.
template scan: filtrage par corrélation.

temporal frequency – fréquence temporelle.

temporary error – erreur intermittente.

tendency – tendance.

tender – offre, soumission.

tensor – tenseur.

tentpoling – effet de saut de cycle *(en mât de tente).*

terminal – terminal.

terrain correction – correction d'effet de compaction, correction d'effet de surface.

terrestrial – terrestre.

tertiary oil recovery – récupération tertiaire *(du pétrole).*

test – contrôle, essai, test.
test tape: bande de contrôle.

tether – attache, orin.
tether noise: bruit de traction *(sismique marine).*

texture – texture.

theodolite – théodolite.

theogram – sismogramme synthétique.

theoretical seismogram – sismogramme synthétique.

theory – théorie.

thermal noise – bruit thermique.

thixotropy – thixotropie.

Thornburgh's method – méthode de Thornburgh *(méthode d'interprétation de réfraction de Thornburgh ou des fronts d'onde).*

three – trois.
three-cone bit: tricône.
three-D (3D) survey: étude 3D, étude à trois dimensions.
three-D log: three-D log *(dénomination commerciale d'une diagraphie acoustique à trois dimensions).*
three-dimensional: trois dimensions (à).
three-dimensional (3D) seismic method: sismique 3-dimensions (3D).
three-dimensional (3D) shooting: sismique 3D (dimensions).
three-dimensional dip: pendage réel, pendage vrai.

three-point method: méthode de relèvement, méthode par intersection.
three-point operator: opérateur à trois termes.

threshold – seuil.

throughput – débit.

throw – rejet vertical.

thrust – charriage.
thrust fault: faille inverse, rejet de faille.
thrust nappe: nappe de charriage.

Thumper – Thumper *(dénomination commerciale d'un dispositif chute de poids).*

tidal deposit – dépôt tidal.

tide – marée.

tie – calage, embrayage.
tie-in: jonction, rattachement.
tie-line: profil de raccordement.

tight – compact, compacte, imperméable, secret, secrète.
tight hole: puits confidentiel.

tilt – basculement, gîte *(n.f.)*, inclinaison.

tilted block – bloc basculé.

tiltmeter – clinomètre, inclinomètre.

time – durée, instant, temps.
time-average equation: équation de Wyllie.
time branch: branche de caustique *(coupe-temps).*
time break: instant de tir, instant initial, instant zéro, rupture.
time constant: constante de temps.
time delay: délai *(réfraction)*, retard.
time-depth chart: abaque de restitution, diagramme temps-profondeur.
time-depth curve: courbe temps-profondeur.
time-distance curve: dromochronique *(réfraction)*, hodochrone, indicatrice *(réflexion).*
time domain: domaine des temps, domaine temporel, domaine-temps.
time-invariant: invariant dans le temps, statique.
time lag: retard.
time lead: avance.
time line: ligne de comptage-temps, limite chronostratigraphique *(géol.)*, marquage-temps.
time of closest approach: culmination *(d'un satellite).*

time sag: déformation vers le bas, dépression apparente.
time section: coupe-temps.
time-sequential format: format multiplexé.
time series: série temporelle.
time sharing: temps partagé (en).
time signal: signal horaire.
time-slice map: section à temps constant.
time surface: surface chronostratigraphique.
time tie: embrayage en temps.
time-to-depth conversion: conversion temps-profondeur, passage du temps à la profondeur.
time-variable: variant dans le temps.
time-variable gain: gain variable avec le temps.
time-variant: variant dans le temps.
time-variant filtering: filtrage variable avec le temps.

timing – chronométrage.
timing lamp: lampe de roue phonique.
timing line: ligne de comptage-temps, ligne de marquage-temps.
timing wheel: roue phonique.
timing word: mot de synchro.

tin hat – bouchon de trou ; casque.

tipline – ligne de rejet nul *(d'un chevauchement)*.

toe structure – front de glissement.

Toeplitz property – caractère de Toeplitz.

tomography – tomographie.

Tomoseis – Tomoseis *(dénomination commerciale d'une coupe sismique à un certain temps pour une étude 3D)*.

tool – outil, sonde.

toplap – couches inclinées sous discordance, sous-biseau.

topographic – topographique.
topographic correction: correction d'effet de surcharge.
topographic-loading effect: effet de surcharge *(de surface)*.

topset bed – couche sommitale.

Toran – Toran *(dénomination commerciale d'un système de positionnement radioélectrique)*.

total reflection – réflexion totale.

tour – poste *(travail posté)*.

tow cable – câble de traction.

towage – remorquage.

towing bridle – centreur de remorquage.

township – township *(unité cadastrale de superficie de 36 miles carrés).*

trace – trace.
trace analysis: analyse de la trace.
trace equalization: égalisation des traces.
trace gather: regroupement de traces.
trace integration: composition de traces, mixage de traces.
trace inversion: inversion de trace.
trace sequential: enregistrement démultiplexé, séquence de traces.
trace spacing: intertrace.

track – piste, poursuite, trace.
track ball: boule-guide, souris.
track plotter: traceur de route.

tracking – piste, poursuite.

traction – traction.

trade union – syndicat.

tradeoff – compromis.

traditional – traditionnel, traditionnelle.

train – train.

training – formation.

trajectory – trajectoire.

transceiver – transducteur.

transcord (to) – transcrire.

transcribe (to) – transcrire.

transcurrent fault – faille à décrochement horizontal.

transducer – transducteur.

transduction factor – sensibilité, transformation.

transfer – report, transfert.
transfer characteristics: fonction de transfert.
transfer function: fonction de transfert.
transfer impedance: impédance de transfert.

transform – transformée.
transform fault: faille transformante.
transform pair: couple de transformées.

transform (to) – transformer.

transformation – transformation.

transformed wave – onde convertie.

transformerless input – entrée directe, entrée sans transformateur.

transgression – transgression.

transient – transitoire *(adj. et n.m.)*.
transient response: réponse transitoire.

transistor – transistor.

transistor/transistor logic (TTL) – logique transistor/transistor.

transit – passage *(d'un astre au méridien)*, passage *(d'un satellite)*, tachéomètre, théodolite.
transit-and-chain surveying: arpentage.
transit-and-stadia surveying: levé au taché et à la stadia, levé stadimétrique.
transit time: temps de parcours *(sur une unité de longueur)*.

translocation method – méthode par translocation, méthode transposée *(radioposition)*.

transmission – émission *(radio)*.
transmission coefficient: coefficient de transmission.
transmission curve: courbe de transmission.

transmit (to) – émettre, transmettre.

transmitted wave – onde descendante, onde transmise.

transparent zone – zone sans réflexions, zone transparente.

Transploder – Transploder *(dénomination commerciale d'une source sismique)*.

transponder – balise répondeuse, répondeur.

transport – dérouleur, transport.

transposed recording – enregistrement en méthode transposée, enregistrement transposé.

transverse – transversal, transversale.
transverse fault: faille transversale.
transverse isotropy: isotropie plane, isotropie transverse.

transverse Mercator projection: projection Mercator transverse.
transverse projection: projection transverse.
transverse wave: onde de cisaillement, onde transversale.

transversely isotropic – isotrope dans le plan.

trap – déroutement *(exécution d'une procédure à la suite de la réceptiond'un signal) (informatique)*, guide d'onde *(phys.)*, interruption *(informatique)*, piège *(géol.)*.
trap-door structure: piège en coin.

travel path – trajet extrémal.

traveltime – durée de trajet.
traveltime curve: courbe temps-distance, hodochrone.

traverse – bretelle *(profil)*, cheminement *(topog.)*, polygonale *(topog.)*, traverse.

tremor – événement mineur *(sismique)*.

trench – fossé.

trend – composante lissée *(d'une fonction)*, direction préférentielle, orientation, tendance.
trend analysis: analyse de tendance, filtrage spatio-fréquentiel.

triad – triade *(réseau de radionavigation à 3 stations asservies)*.

trial-and-error method – méthode par approximations suces-sives.

triangle of error – chapeau d'erreur *(topog.)*.

triangulation – triangulation.

trigger circuit – bascule.

trigonal – équilatéral, équilatérale, trigonal.

trigonometric identities – identités trigonométriques.

trilateration – trilatération.

trim – assiette, correction par indicatrice.

tripartite method – méthode tripartite.

triple junction – jonction triple.

tripping – basculement.

tropospheric – troposphérique.
tropospheric correction: correction troposphérique.
tropospheric scatter: diffraction troposphérique, diffusion troposphérique, dispersion troposphérique.

troubleshoot (to) – dépanner, dépister.

trough – arche négative, creux, noeud *(d'un mouvement vibratoire)*, synclinal *(géologie)*.

truck – camion.

true – véritable.
true-amplitude recovery (TAR): restitution en amplitude préservée.
true bearing: azimut astronomique.
true dip: pendage vrai.
true to scale: échelle 1/1 (à l'), grandeur nature.

truncated – tronqué, tronquée.

truncation error – erreur d'écrêtage, erreur de troncation.

truth table – table de vérité.

TSP (time at the shotpoint) – temps vertical.

tsunami – tsunami.

tube wave – onde de tube.

tuned array – dispositif accordé.

tuning – accord (recherche des stations), recherche des stations.
tuning fork: diapason.

turbidite – turbidite.

turbidity current – courant de turbidité.

turkey shoot – tir au pigeon *(comparaison entre entrepreneurs)*.

turnaround – délai *(de traitement)*.

turning point – station mire tournante *(topographie)*.

turnkey – clé en main.
turnkey bid: offre clé en main, soumission clé en main.

turnover – chiffre d'affaires, rotation du personnel.

turtleback – carapace de tortue.

TV (time-variant) – variant avec le temps.

TVG (time-variant gain) – gain variant avec le temps.

two-dimensional – bidimensionnel, deux dimensions (à).
two-dimensional filtering: filtrage à 2D, filtrage bidimensionnel.

two's complement – complément à deux.

two-sided – bilatéral, bilatérale.

two-way – deux voies (à).
two-way control: tirs direct et inverse.
two-way time (TWT): temps double (TD).
two-way transmission coefficient: coefficient de transmission aller-retour.

TWT (two-way time) – TD (temps double).

u

U-joint – cardan.

uncertainty – incertitude.

unconformity – discordance.
unconformity trap: piège sous discordance.

under – sous.

undercompacted – sous-compacté.

underdamped – amortissement sous-critique (à), sous-amorti.

underlying unconformity – discordance sous-jacente.

undersample (to) – sous-échantillonner.

undershooting – tir par-dessous.

undetected layer – couche indétectée.

Uniboom – Uniboom *(dénomination commerciale d'une source sismique marine).*

union – syndicat, union *(logique).*

Unipulse – Unipulse *(dénomination commerciale d'une source sismique marine).*

unit – unité.
unit circle: cercle-unité.
unit impulse: dirac, impulsion-unité.
unit-impulse synthetic seismogram: film synthétique impulsionnel (FSI).
unit step: échelon-unité.

universe – population.

unmigrated – non migré.
unmigrated large-offset data: traces à déport long non migrées.
unmigrated seismic map: carte sismique non migrée.

unwrapping – représentation continue de la phase.

update – mise à jour.

updip – amont-pendage (vers l').
updip velocity: vitesse amont.

upgoing wave – onde montante.

uphole geophone – sismo de temps vertical, sismo gueule-de-trou.
uphole method: méthode de Meissner, méthode des courbes en S.
uphole shooting: carottage sismique, sismosondage.
uphole stack: addition de tirs à profondeurs différentes *(en remontant)*.
uphole survey: carottage sismique, sismosondage.
uphole time: temps à la gueule du trou, temps vertical.

uplap – remplissage divergent.

upright fold – pli droit.

UPS (universal polar stereographic projection) – projection stéréographique polaire.

upstairs – numérateur (au).

upsweep – balayage ascendant, balayage vers l'aigu.

upthrow – rejet.

upwave – onde montante.

utility routine – programme utilitaire.

UTM (Universal Transverse Mercator) – MTU (Mercator Transverse Universel).

V

VA (variable area) – aire variable (AV).

vacuum-tube voltmeter – voltmètre à tube à vide.

validity check – contrôle de validité.

valley – creux, point bas *(d'une trace sismique)*, vallée.

value – valeur.

Vaporchoc – Vaporchoc *(dénomination commerciale d'une source sismique marine).*

variable – variable.
variable-amplitude display: représentation galva.
variable-amplitude recording: enregistrement galva.
variable area (VA): aire variable (AV).
variable density: densité variable.
variable-density log: diagraphie en densité variable.
variable-reluctance geophone: géophone à réluctance variable.
variable word length: longueur de mot variable.

variance – variance.

vector – vecteur.
vector graphics: graphique vectorielle, représentation vectorielle.
vector processor: processeur vectoriel.

vein – filon.

velocimeter – célérimètre, débitmètre, vélocimètre.

velocity – célérité, vitesse.
velocity analysis: analyse de vitesse, détermination de vitesse.
velocity anomaly: anomalie de vitesse, anomalie due à la vitesse.
velocity contrast: contraste de vitesse.

velocity correction: correction de vitesse.
velocity curve: abaque vitesse-profondeur, courbe vitesse-profondeur.
velocity-depth relationship: loi de vitesse-profondeur.
velocity discontinuity: discontinuité de vitesse.
velocity filter: filtre en vitesse.
velocity focusing: focalisation due à la vitesse.
velocity function: loi de vitesse.
velocity gradient: gradient de vitesse.
velocity inversion: inversion de vitesse.
velocity layering: étagement des vitessses, stratification des vitesses.
velocity log: diagraphie de vitesse.
velocity map: carte de vitesse *(pour un horizon donné)*.
velocity overlay: abaque transparent d'indicatrice.
velocity panel: spectre de vitesse, tableau d'analyse de vitesse.
velocity profile: tir-vitesse.
velocity sag: dépression apparente *(due à une anomalie de vitesse)*.
velocity scan: balayage de vitesse.
velocity spectrum: spectre de vitesse.
velocity survey: étude de vitesse, tir-vitesse.
velocity wavelet: ondelette de vitesse.

Velog – Velog *(dénomination commerciale d'une pseudodiagraphie acoustique)*.

vented-gas column – panache de bulles de gaz.

vernal – vernal, vernale.
vernal equinox: équinoxe de printemps, équinoxe vernal.
vernal point: point gamma, point vernal.

vernier – vernier.

versine – sinus verse.

vertical – vertical, verticale.
vertical angle: angle vertical.
vertical closure: fermeture structurale, fermeture verticale, flèche d'une structure.
vertical exaggeration: exagération verticale.
vertical parity check: contrôle de parité verticale.
vertical profile: profil de puits, profil vertical.
vertical section: coupe verticale.
vertical seismic profile (VSP): profil sismique vertical (PSV).
vertical stack: addition verticale *(impropre)*, composition de traces brutes *(de tirs différents)*.
vertical time (VT): temps à la gueule du trou, temps vertical.

very large-scale integration (VLSI) – intégration à très grande échelle *(électronique)*.

vib – vibro *(abrév.)*.

vibrated point (VP) – point vibré (PV).

vibration – vibration.
vibration monitor: moniteur de vibration.

vibrator – vibrateur, vibro *(familier)*.

vibratory plough *(GB)* **vibratory plow** *(USA)* – charrue vibrante.

Vibroseis – Vibroseis *(dénomination commerciale de vibrosismique)*.

vibroseismic method – vibrosismique.

video display – affichage vidéo.

virtual memory – mémoire virtuelle.

viscoelasticity – viscoélasticité.

viscosity – viscosité.

visualize (to) – présenter des informations sur un écran, rendre visible, visualiser.

VLF (very low frequency) – très basse fréquence.

VLSI (very large-scale integration) – intégration à très grande échelle.

Voigt solid – solide de Voigt.
Voigt wave: onde de Voigt *(ondes P dans un solide viscoélastique)*.

volcano – volcan.

voltmeter – voltmètre.

volume – volume.
volume control: commande de volume.
volume reverberation: diffusion en volume, réverbération en volume.

VP (vibrated point) – PV (point vibré).

VSP (vertical seismic profile) – PSP (profil sismique de puits), PSV (profil sismique vertical).

W

walkaway – déport croissant (à) *(tir-vitesse ou PSP).*

WASSP – WASSP *(dénomination commerciale d'une source sismique).*

water – eau.
water flooding: injection d'eau.
water gun: canon à eau.
water injection: injection d'eau *(dans un forage sismique à l'air).*
water of compaction: eau de compression.
water saturation: saturation en eau.
water table: contact eau-huile, nappe phréatique, niveau hydrostatique.
water track: réverbération en volume.
water wave: vague.

waterbreak – onde d'arrivée directe dans l'eau.
waterbreak detector: détecteur de l'arrivée directe *(en marine).*

wave – onde, vague.
wave amplitude: amplitude de l'onde.
wave attenuation: amortissement de l'onde, atténuation de l'onde.
wave base: limite d'abrasion, niveau de base des vagues *(profondeur d'action des vagues).*
wave conductor: marqueur *(réfraction).*
wave conversion: conversion d'onde.
wave depth: niveau de base des vagues *(profondeur d'action des vagues).*
wave equation: équation d'ondes, équation de propagation des ondes, équation des ondes.
wave-equation deconvolution: déconvolution par l'équation de propagation.
wave-equation migration: migration par l'équation de propagation.

wave guide: guide d'onde.
wave impedance: impédance acoustique.
wave notation: nomenclature des ondes.
wave-slant correction: correction d'obliquité.
wave-slant path: obliquité, trajet oblique.
wave slowness: lenteur.
wave spreading: divergence, expansion du front d'onde.
wave surface: surface d'onde.
wave test: tir de bruit.
wave-vector filtering: filtrage en nombre d'onde.
wave velocity: vitesse de propagation.

waveform – forme d'onde.

wavefront – front d'onde, surface d'onde.
wavefront chart: diagramme de front d'onde.
wavefront curvature: courbure du front d'onde.
wavefront healing: cicatrisation d'un front d'onde.
wavefront method: méthode des fronts d'onde.

wavelength – longueur d'onde.

wavelet – ondelette, signal.
wavelet equalization: égalisation d'ondelette.
wavelet extraction: extraction de l'ondelette, extraction du signal.
wavelet processing: traitement du signal, traitement par le signal.

wavenumber – nombre d'onde.
wavenumber filtering: filtrage en fréquence spatiale, filtrage en nombre d'onde.
wavenumber-time domain: domaine temps-nombre d'onde.

waves – houle.

waveshape – forme d'onde.
waveshape kit: dispositif d'amortissement de la bulle *(canon à air)*, régulateur de sortie d'air *(canon à air)*.
waveshape stabilization: égalisation de la forme d'onde.

wavetrain – train d'onde.

weathered layer – couche altérée, WZ, zone altérée.
weathered-layer correction: correction de zone altérée.

weathering – agitation, altération, couche soumise aux intempéries, zone altérée.
weathering correction: correction de zone altérée.
weathering map: carte de zone altérée.
weathering shooting: petite réfraction.
weathering shot: tir de petite réfraction.

wedge-out – biseau, pincement.
wedge-out trap: piège par pincement.

weighing – pesée.

weight – poids.
weight drop: chute de poids.

weighted – pondéré, pondérée.
weighted array: arrangement pondéré, dispositif pondéré.

well – puits.
well log: diagraphie.
well logging: diagraphie.
well shooting: carottage sismique, sismosondage.
well survey: sismique de puits.
well tie: calage au puits.
well-velocity survey: carottage sismique, sismosondage.
well-vicinity profiling (WVP): sismique au voisinage du puits (SVP).

Whacker – Whacker *(dénomination commerciale d'une dame utilisée comme source sismique)*.

whetstones – batterie de tests *(pour ordinateur)*.

white noise – bruit blanc.
white-noise level: niveau de bruit blanc.

whiten (to) – blanchir *(le spectre)*.

whitening – blanchiment.

wide-angle reflection – réflexion grand angle.
wide-band stack: addition en bande large.

Wide-line profiling – Wide-line profiling *(dénomination commerciale d'un procédé d'acquisition de données)*.

width – largeur.

Wiener filter – filtre de Wiener.
Wiener-Hopf equations: équations de Wiener-Hopf.
Wiener-Levinson algorithm: algorithme de Wiener-Levinson.

wiggle – agitation.
wiggle display: représentation galvanométrique.
wiggle trace: trace galvanométrique.

wild – désordonné, désordonnée, sauvage.
wild trace: trace folle, trace non stabilisée.

wildcat – puits de reconnaissance, sondage d'exploration.

winch reel – tambour de treuil.

wind – vent.
  wind noise: bruit éolien.
  wind scale: échelle anémométrique.

winding up – enroulage.

window – fenêtre.
  window carpentry: bord de fenêtre.
  window pair: couple fenêtre-transformée.

wink technique – comparaison en animation.

wipe-out zone – zone sourde, zone transparente.

wire – câble.

wired – câblé, câblée.

wireline – câble.
  wireline logging: diagraphie différée.

witness marker – repère témoin.

work station – poste de travail.

workload – charge de travail.

wow – pleurage *(variations lentes de vitesse bande/disque)*.

wraparound – repliement.

wrapping – enroulage de phase, représentation continue de la phase modulo 2 pi.

wrench fault – faille verticale de décrochement.

write (to) – rédiger.

WVP (well-vicinity profiling) – SVP (sismique au voisinage du puits).

Wyllie relationship – formule de Wyllie.

Wyrobek method – méthode de Wyrobek.

X

x-hole – méthode puits-à-puits.

x-spread (abbreviation of cross-spread) – dispositif en croix.

xmit (to) – émettre, transmettre.

y

yardstick – aune, référence.

yaw – lacet.

yield strength – limite d'élasticité.

yo-yo – yo-yo *(technique de tir en sismique marine).*

Young's modulus – module de Young *(module d'élasticité).*

Z

z-plane – plan z.

z-transform – transformée en z.

Zener diode – diode de Zener.

zenith – zénith.

zero – zéro.
zero crossing: passage à zéro.
zero frequency: fréquence nulle.
zero-frequency component: composante continue.
zero-lag correlation : corrélation au temps de coïncidence.
zero-offset: PSV (profil sismique vertical).
zero-phase: phase nulle (à).
zero-phase filter: filtre à phase nulle.
zero reset: remise à zero *(d'un compteur)*.
zero setting: mise à zéro.
zero time: temps initial.

zero (to) – annuler *(une trace)*.

Zoeppritz's equation – équation de Zoeppritz.

zone – zone.

ZSR (zero source-receiver) – déport nul.
ZSR (zero source-receiver) distance: distance au tir nulle.

français/anglais

a

à-coup – glitch, shock.
 à-coup du câble : cable strum.
 à-coup sur le câble : streamer jerk.

A/N (analogique-numérique) – A/D (analog-to-digital).

abaque – chart, nomogram, standard curve.
 abaque de correction : departure curve.
 abaque de diffraction : diffraction overlay.
 abaque de filtrage : filter-response curve.
 abaque de restitution : time-depth chart.
 abaque transparent d'indicatrice : velocity overlay.
 abaque vitesse-profondeur : velocity curve.

aberration – aberration.

absorption – absorption.
 absorption sélective (des fréquences) : frequency-selective absorption.

abyssal – abyssal.

accélération de pointe – peak acceleration.

accéléromètre – accelerometer.
 accéléromètre autodéclenché : strong-motion accelerometer.

accès – access.
 accès aléatoire : random access.
 accès direct : direct access, random access.
 accès direct en mémoire : direct memory access.

accidenté – rough, rugged.
 accidenté, accidentée : hilly.

accord (recherche des stations) – tuning.

accroissement – increment.
 accroissement soudain d'amplitude : burst-out.

acoustique – acoustic, sonic.

actif, active – active.

adaptatif, adaptative – adaptative.

adaptation d'impédance – impedance matching.

adapter – fit (to).

addition – stack, stacking, sum.
addition de tirs à profondeurs différentes : uphole stack.
addition en bande large : wide-band stack.
addition en diversité : diversity stack.
addition horizontale : horizontal stacking.
addition oblique : slant stack.
addition sélective : selective stacking, smart stacking.
addition statistique : statistical stacking.
addition verticale : vertical stack.

additionneur – adder, stacker.

admittance – admittance.

adresse – address.
adresse indirecte : indirect address.

affaiblissement – decay.
affaiblissement (anormal) d'amplitude : dim spot.

affecté, affectée – dedicated.

affermage – leasing.

affermer – farm in (to), farm out (to).

affichage – display, posting.
affichage vidéo : video display.

afficher – display (to).

affinité – anamorphosis.

affleurement – outcrop.

agent de permittage – permit man.

agitation – microseism, weathering, wiggle.

agrandir – blow up (to), enlarge (to).

agrandissement – enlargement.

aigu, aiguë – acute, sharp.

aiguillage – switching.

aimantation – magnetization.

air – air.

aire variable (AV) – variable area (VA).

ajustement – fit.
ajustement d'une surface : surface fitting.
ajustement en norme l_1 : least-absolute-deviation fit.
ajustement en norme l_1 : l_1 fit.
ajustement par moindres carrés : least-square fit.

ajuster – fit (to).

aléatoire – random, stochastic.

aleurite – silt.

algorithme – algorithm.
algorithme de Levinson : Levinson algorithm.
algorithme de Wiener-Levinson : Wiener-Levinson algorithm.

alias – alias.

aliasage – aliasing.
aliasage spatial : spatial aliasing.

aliaser – alias (to).

alidade – alidade.

alignement – alignment, alinement, lineup.

alimentation (électrique) – power supply.

allongement – lengthening, stretch.
allongement arrière : tailing.

allonger – expand (to), lengthen (to), stretch (to).

allouer – allocate (to).

allumeur – igniter.

allure – configuration.
allure en chevron : herringbone pattern.
allure oblique : oblique configuration.
allure sigmoïde : sigmoid configuration.

alluvial, alluviale – alluvial.

alluvions – alluvial deposit.

altération – alteration, weathering.

altitude – altitude, elevation.
altitude de la gueule du trou : shothole elevation.
altitude du plan de référence : datum elevation.

ambiguïté – ambiguity.

amélioration – enhancement, improvement.
amélioration de cohérence : coherence enhancement.
amélioration du signal : signal enhancement.

amodier – farm out (to).

amont-pendage (vers l') – updip.

amorce – blasting cap, cap.

amorcer – prime (to).
amorcer (un programme) : boot (to).
amorcer une charge : make up (to).

amortissement – damping, decay.
amortissement critique : critical damping.
amortissement de l'onde : wave attenuation.
amortissement exponentiel : exponential decay.
amortissement sous-critique (à) : underdamped.

ampèremètre – ammeter.

amplificateur – amplifier.
amplificateur à gain binaire : binary-gain amplifier.
amplificateur à gain quaternaire : quaternary-gain amplifier.
amplificateur à sauts de gain : stepped-gain amplifier.
amplificateur à virgule flottante instantanée : IFP amplifier, instantaneous floating-point amplifier.
amplificateur opérationnel : operational amplifier.

amplification – gain.

amplifier – amplify (to), expand (to).

amplitude – amplitude.
amplitude analytique : reflection strength.
amplitude au-dessus du seuil d'écrêtage : overshoot.
amplitude de crête : crest amplitude, peak amplitude.
amplitude de l'enveloppe : reflection strength.
amplitude de l'onde : wave amplitude.
amplitude de réflexion : reflection strength.

analogique – analog.
analogique à numérique : analog-to-digital (A/D).

analyse – analysis.
analyse d'indicatrice hyperbolique : hyperbolic search.

analyse de filtrage : filter panel.
analyse de Fourier : Fourier analysis.
analyse de la trace : trace analysis.
analyse de la trace complexe : complex-trace analysis.
analyse de tendance : trend analysis.
analyse de vitesse : moveout scan, velocity analysis.
analyse des multiples : multiples analysis.
analyse dimensionnelle : dimensional analysis.
analyse du caractère d'une réflexion : reflection-character analysis.
analyse f-k : f-k analysis.
analyse factorielle : factor analysis.
analyse harmonique : Fourier analysis, harmonic analysis.
analyse séquentielle : sequence analysis.
analyse spectrale : spectral analysis.
analyse syntaxique : parsing.
analyse t-delta-t : t-delta-t analysis.

anamorphose – anamorphosis.

anastomosé, anastomosée – braided.

ancrage de charge – charge anchor.

andain – swath.

anélasticité – anelasticity.

angle – angle.
angle à droite : angle right.
angle critique : critical angle.
angle critique de conversion : second critical angle.
angle d'approche : angle of approach.
angle d'émergence : angle of emergence.
angle d'incidence : angle of incidence, incident angle.
angle de dépression : dip angle.
angle de déviation : deflection angle.
angle de phase : phase angle.
angle de réflexion : reflection angle.
angle de réfraction : refraction angle.
angle intérieur : interior angle.
angle interne : interior angle.
angle limite : critical angle.
angle vertical : vertical angle.

anguille – eel.

angulaire – angular.

anisotropie – aelotropy, anisotropy.
anisotropie de texture : shape anisotropy.

anisotropie horizontale : horizontal anisotropy.
anisotropie macroscopique : macroscopic anisotropy.

annuler – cancel (to), mute (to), zero (to).

anomalie – anomaly.
anomalie d'amplitude : amplitude anomaly *(see also bright spot and dim spot).*
anomalie de surface : surface anomaly.
anomalie de vitesse : velocity anomaly.
anomalie due à la vitesse : velocity anomaly.
anomalie superficielle : surface anomaly.

anormal, anormale – abnormal.

antenne – antenna, pattern.
antenne (de source ou de récepteur) : array.

anticlinal – anticline.
anticlinal de compensation : roll-over anticline.

antimigration – reverse migration.

antimoyenne – antiaveraging.

antironflette – humbucking.

antisignal – inverse filter, inverse signal.

antisymétrique – skew-symmetric.

aplatir – flatten (to).

aplatissement – flattening *(of an ellipse)*, oblateness *(of an ellipsoid).*

appareil – apparatus, device.
appareil de controle : monitor.
appareil de forage : drill rig, drilling rig, rig.
appareil de levage : pulling unit.
appareil de restitution : plotter.

appareillage – instruments.

apparent, apparente – apparent.

appel d'offres – call for bids, call for tenders.

approché, approchée – approximated, rounded off.

approximations successives – iteration, successive approximations.

après sommation – poststack.

Aquaflex – Aquaflex *(tradename for an offshore seismic-energy source).*

Aquapulse – Aquapulse *(tradename for an offshore seismic-energy source).*

Aquaseis – Aquaseis *(tradename for an offshore seismic-energy source).*

Arcer – Arcer *(tradename for a high-powered sparker).*

arche – arch.
arche négative : trough.
arche positive : peak.

architecture – configuration.
architecture à la Janus : Janus configuration.

ardoise – slate.

arénite – arenite.

arête en biseau – feather edge.

argile – clay, shale.

argileux, argileuse – dirty *(sand)*, shaly.

argilite – argillite.

argilosité – shaliness.

argument – argument.

armoire – console.

arpentage – transit-and-chain surveying.

arrangement – array, configuration, pattern.
arrangement de géophones : geophone array, geophone pattern, nest of geophones.
arrangement de sources sismiques : source pattern.
arrangement pondéré : weighted array.

arrière – tail-end.
arrière (en) : backward.

arrivée – arrival, break, event.
arrivée latérale : sideswipe.
arrivée première : first arrival, first break.
arrivée seconde : second arrival.
arrivée ultérieure : later arrival.

ascension droite – right ascension.

assembleur – assembler.

asservissement – control.
  asservissement sur le fond : bottom lock.

assiette – attitude, trim.

asthénosphère – asthenosphere.

asymétrie – asymmetry, skewness.

asynchrone – asynchronous.

attache – tether.

attente – standby.

atténuateur – attenuator, losser.
  atténuateur d'induction de lignes à haute tension : high-line eliminator.
  atténuateur de bruit : squelch circuit.

atténuation – attenuation, roll-off.
  atténuation de l'onde : wave attenuation.

audio- – audio- *(prefix).*

aune – yardstick.

auto-allumage – autofire, autoignition.
  auto-amorçage : autofire.

autocollimation – normal incidence.

autoconvolution – autoconvolution.

autocorrélation – autocorrelation.

autocorrélogramme – autocorrelogram.

autocovariance – autocovariance.

automatique – automatic.

autonome – offline, standalone.

autorégressif, autorégressive – autoregressive.

autorisation de passage – permit.

Autotape – Autotape *(tradename for a short-range radio-positioning system).*

aval-pendage (vers l') – downdip.

avance – lead, lead time, time lead.
  avance due au sel : salt lead.

avant – front.
avant-récif : forereef, off-reef.
avant sommation : prestack.

aveugle – blind.

azimut – azimuth.
azimut astronomique : true bearing.

b

bac à boue – mud pit, slush pit.

baie d'écrans – screen rows.

balayage – scan, sweep.
balayage ascendant : upsweep.
balayage de vitesse : velocity scan.
balayage descendant : downsweep.
balayage directionnel : directional scanning.
balayage en pendage : dip scan.
balayage fréquentiel : frequency scan, frequency sweep.
balayage linéaire : linear sweep.
balayage non linéaire : colored sweep.
balayage récurrent : raster scan.
balayage vers l'aigu : upsweep.
balayage vers les graves : downsweep.

balayer – sweep (to).

balise – beacon.
balise active : active beacon.
balise répondeuse : pinger, transponder.

banc – bank, bed, bench, shoal.
banc de têtes : head bank.

bande – band, tape.
bande corrigée : corrected tape.
bande d'enregistrement graphique : strip chart.
bande de contrôle : test tape.
bande de rejet : reject region.
bande de uns : all-ones tape.
bande K : K-band.
bande L : L-band *(390-1550 MHz)*.
bande large optimale : optimum wide band.
bande latérale unique (BLU) : single-sideband (SSB).
bande magnétique : magnetic tape.

bande passante : bandwidth, pass region, passband.
bande perforée : punch paper tape.
bande Q : Q-band.
bande-terrain : field tape (FT).

banque de données – data bank, data base.

bar – bar (unit of pressure).

barre – bar.
barre de méandre : point bar.

barrière de perméabilité – permeability barrier.

baryte – barium hydroxide.

barytine – barite, barytes *(barium sulfate)*.

bas, basse – low.

bascule – flip-flop, trigger circuit.

basculement – tilt, tripping.

base – base, radix.
base de données : data base.
base de la couche altérée : base of the low-velocity layer (LVL), base of weathering.
base flottante : quarterboat.

bassin – basin.
bassin à boue : mud pit, slush pit.
bassin d'effondrement : fault basin.
bassin pétrolifère : oil basin.
bassin sédimentaire : sedimentary basin.
bassin sous-alimenté : starved basin.

bathymétrie – bathymetry.

bâton – stick.

battement – beat.

batterie de tests – whetstones.

baud – baud.

baver – smear (to).

benthique – benthic.

bentonite – bentonite.

Betsy – Betsy *(tradename for a seismic source)*.

BHC acoustilog – BHC acoustilog *(tradename for a borehole-compensated sonic log).*
BHC sonic log : BHC sonic log *(tradename for a borehole-compensated sonic log).*

biais – bias, skew.
biais d'échantillonnage : sampling skew.

bibliothèque – library.

bidimensionnel – two-dimensional.

bilatéral, bilatérale – bilateral, two-sided.

binaire – binary.

biseau – pinch-out, wedge-out.

bit – binary digit, bit.
bit de parité : check bit, parity bit.
bit de poids le plus faible : least-significant bit (LSB).
bit de poids le plus fort : most-significant bit (MSB).
bit de signe : sign bit.
bits par pouce : bpi *(abbreviation of bits per inch).*

bitoduc – bus.

blanc – blank, gap.
blanc de fin de fichier : end-of-file gap.

blanchiment – whitening.

blanchir – whiten (to).

blindage – armoring, shielding.

bloc – block.
bloc basculé : tilted block.
bloc des données : data block.
bloc-diagramme : block diagram.
bloc faillé : fault block.

bloqueur – catcher.

BLU (bande latérale unique) – SSB (single-sideband).

bobine – reel.

bogue – bug.

boîte – box.
boîte de tir : blaster, blasting box, shooting box, shot box.
boîte noire : black box.

boîtier – case *(geophone).*

bombe – bomb.

bombement apparent – pull-up.

bon sol – bedrock.

Boomer – Boomer *(tradename for an offshore seismic-energy source).*

bord de fenêtre – window carpentry.

bordereau de données – data sheet.

borne – landmark, monument.

borner – stake (to).

bouché et abandonné – P & A (plugged and abandoned) *(well).*

bouchon – plug.
bouchon d'asphalte : tar seal.
bouchon de trou : hole plug, tin hat.

boucle – loop.

boudin d'explosif – sausage powder.

boue – mud.

bouée – buoy.
bouée acoustique : sonobuoy.
bouée de calage : calibration buoy.
bouée de queue : tail buoy.
bouée émettrice : sonobuoy.

boule-guide – track ball.

bourrage – jamming, tamping.

bourrer – tamp (to).

bourroir – loading pole, tamper.

boussolier – compass man.

boutefeu – powderman, shooter.

brachistochrone – brachistochrone, least-time path.

branche – branch.
branche arrière : backward branch.
branche de caustique : time branch.
branche inverse : reverse branch.
branche rétrograde : reverse branch.
branches multiples : multiple branches.

branchement – branch, jump.

bras de décentrement – eccentric arm.

bretelle – string, traverse.
bretelle de sismos : geophone string.

bricolage – mickey-mouse.

bride – bridle, flange.

brin – line, section.
brin abaisseur : depressor section.
brin actif : active line, active section, live section.
brin de tête : lead-in section.
brin mort : dead line, dead section, spacer section *(streamer)*.

brisant – destructive *(explosive)*, shattering.

bruit – noise.
bruit aléatoire : random noise.
bruit ambiant : ambient noise.
bruit anthropogénique : cultural noise.
bruit blanc : white noise.
bruit cohérent : coherent noise.
bruit d'appareillage : instrument noise.
bruit de banquise : ice noise.
bruit de fond : background noise, ground noise.
bruit de glace : ice noise.
bruit de grenaille : shot effect.
bruit de Johnson : Johnson noise.
bruit de semi-conducteur : shot noise.
bruit de sillage : quenching.
bruit de surface : ground roll.
bruit de tir : shot noise.
bruit de traction : tether noise.
bruit de trou : hole noise.
bruit éolien : wind noise.
bruit naturel : ambient noise, ground unrest.
bruit organisé : coherent noise.
bruit ramené à l'entrée : input noise.
bruit sismique : seismic noise.
bruit thermique : Johnson noise, thermal noise.
bruits de gel : frost breaks.

brut, brute – crude, raw, straight.

bruyant – noisy.

bulle – bubble.

bus – bus.

bus auxiliaire : tag bus.

bus commun : common bus.

C

cabine-labo – doghouse.

câble – cable, wire, wireline.
câble de géophone : geophone cable.
câble de pontage : jumper cable.
câble de tir : firing line.
câble de traction : tow cable.
câble dormant : bay cable.
câble traîné sur le fond : drag bottom cable.

câblé, câblée – wired.

câblière – cable truck, reel truck.

cadence de tir – firing rate.

cadran – dial, panel.

CAG (commande automatique de gain) – AGC (automatic gain control).

cahier des charges – contractual conditions, specification sheets.

cake de boue – mud cake.

calage – calibration, tie.
calage au puits : well tie.

calcaire – limestone.

calcul – calculation *(without a computer)*, computing *(with a computer)*.
calcul du pendage vrai : dip resolution.

calculateur – computer.
calculateur analogique : analog computer.
calculateur numérique : digital computer.

calculer la route – preplot (to).

caler – calibrate (to).

calibrage – calibration.
  calibrage de gain : gain ranging.

calque – overlay.

camembert – pie graph, roll-along switch.
  camembert *(boîtier)* : CDP switch.

caméra – camera, movie camera.
  caméra anamorphotique : squeeze camera.
  caméra électrostatique : electrostatic camera.

camion – truck.
  camion-câble : reel truck.
  camion-laboratoire : recording truck.

campagne – survey.
  campagne de sismique-réflexion : reflection survey.
  campagne de sismique-réfraction : refraction survey.
  campagne géophysique : geophysical survey.

CAN (convertisseur analogique-numérique) – A/D converter.

canal – channel.

canevas – raster.

canon – gun.
  canon à air : air gun.
  canon à eau : water gun.
  canon à gaz : gas exploder, gas gun.
  canon à gaz à chambre ouverte : open-chamber exploder.
  canon à vapeur : steam gun.

canyon – canyon.

cap – heading.

capteur – detector, pickup, receiver, sensor.
  capteur à magnétostriction : MS pickup.
  capteur d'onde aérienne : blastphone.
  capteur de pression : pressure detector.

caractère – attribute, character, nature.
  caractère de Toeplitz : Toeplitz property.

caractères par pouce – CPI (characters per inch).

caractéristique – characteristic, property, specification.
  caractéristique de phase : phase characteristics.

carapace de tortue – turtleback.

carbonate – carbonate.

cardan – U-joint.

carénage – fairing.

carnet de terrain – field book, field log.

carottage – core drilling, coring.
carottage sismique : uphole shooting, uphole survey, well shooting, well-velocity survey.

carotte – core *(drilling)*.

carottier – core bit.
carottier latéral : sidewall sampler.
carottier latéral à balles (CLAB) : sidewall sampling gun.

carré d'entraînement – kelly bushing (KB).

carroyage – grid.

carte – board, map.
carte (marine) : chart.
carte à circuit imprimé : PC (printed-circuit) board.
carte d'erreurs : mistie map.
carte d'isobathes : isobath map.
carte d'isochores : isochore map.
carte d'isochrones : isochronic map.
carte d'isopaques : isopach map.
carte de vitesse : velocity map.
carte de zone altérée : weathering map.
carte infographique : computer map.
carte perforée : punch card.
carte-profondeur : depth map.
carte relative à un horizon : horizon-slice map.
carte sismique non migrée : unmigrated seismic map.
carte tectonique : tectonic map.

cartographie – mapping.
cartographie radar : radar imagery.

cartographier – map (to).

cartouche – cartridge, label.
cartouche-amorce : primer.

case – bin.

casque – tin hat.

cassette – cassette, receiver magazine.

causal, causale – causal.

caustique – bow tie, caustic.

CAV (commande automatique de volume) – AVC (automatic volume control).

cavalier – tab.

cavaliers – horses.

cavitation – cavitation.

ceinture plissée – fold belt.

célérimètre – velocimeter.

célérité – velocity.

centrage au fil à plomb – plumbing.

centre-trace – geophone station.

centreur – centralizer, standoff.
centreur de remorquage : towing bridle.

cepstre – cepstrum *(the Fourier transform of a log-frequency distribution).*

cercle – circle.
cercle d'erreur : RMS positional error.
cercle-unité : unit circle.

chaînage – chaining, linkage.

chambrage – springing.

chambrer – chamber (to), pot (to), spring (to).

champ – field.
champ d'huile : oil field.
champ de gaz : gas field.
champ de pétrole : oil field.
champ lointain : far field.
champ pétrolier : oil field.
champ proche : near field.

changement – change.
changement de format : reformatting.
changement de polarité : phase inversion, phase reversal.

changer d'origine – page back (to).

chapeau – cap rock.
chapeau d'erreur : triangle of error.
chapeau de gaz : gas cap.

chapelet de charges – string of charges.

charge – charge, load.
charge allongée : elongated charge.
charge creuse : shaped charge.
charge de travail : workload.
charge directionnelle : directional charge.
charge longue en hélice : broomstick charge.
charge mal placée : floating charge.
charge-relais : booster.
charge remontée : floating charge.

charnière – hinge.
charnière d'un pli : fold bend.

charriage – thrust.

charrue vibrante – vibratory plough *(GB)*, vibratory plow *(USA)*.

chef de mission – party chief.
chef de terrain : party manager.

cheminement – traverse.

chenal – channel, lane.

chevauchement – nappe *(geol.)*, overlapping, overthrust.
chevauchement-fracture : fracture thrust.
chevauchement par perte de volume : layer-shortening thrust.
chevauchement par plissement : fold thrust.

chiffre – figure.
chiffre d'affaires : turnover.

choc – impact.

chronométrage – timing.

chute – drop.
chute de poids : weight drop.
chute de poids en continu : drop along.

cible – target.

cicatrisation d'un front d'onde – wavefront healing.

circuit – circuit.
circuit de rupture : shot-moment line.
circuit électronique bistable : bistable multivibrator.
circuit imprimé : printed circuit.
circuit intégré : IC (integrated circuit).
circuit logique câblé : hard-wired logic.

cisaillement – shear.

classique – conventional.

clavier – keyboard.

clé – key.
  clé en main : turnkey.

clinomètre – clinometer, tiltmeter.

cloche de repêchage à coins – overshot.

CMOS – CMOS (complementary metal-oxide semiconductor).

COCORP – COCORP *(COnsortium for COntinental Profiling).*

codage de phase – phase encoding.

code – code.
  code mnémonique : mnemonic code.
  code-source : source code.

coefficient – coefficient.
  coefficient d'anisotropie : anisotropy coefficient.
  coefficient de corrélation : correlation coefficient.
  coefficient de Lamé : Lamé constant.
  coefficient de Poisson : Poisson's ratio.
  coefficient de réflexion : reflection coefficient, reflectivity.
  coefficient de réflexion en énergie : energy reflectivity.
  coefficient de transmission : transmission coefficient.
  coefficient de transmission aller-retour : two-way transmission coefficient.
  coefficient stadimétrique : stadia factor.
  coefficient statistique de variation : statistical coefficient of variation.

cohérence – coherence.
  cohérence de phase : phase coherence.

cohérent, cohérente – consistent.

coïncider (faire) – fit (to).

collection de traces – gather.

coller (faire) – fit (to).

colloque – symposium.

colonne stratigraphique – lithologic log.

Combisweep – Combisweep *(tradename for a Vibroseis sweep technique).*

commande – control.
  commande automatique : automatic control.

commande automatique de gain (CAG) : automatic gain control (AGC).
commande binaire du gain : binary gain control.
commande de gain : gain control.
commande de gain multitrace : ganged automatic gain control (GAGC).
commande de phase : phase control.
commande de poussée : drive.
commande de volume : volume control.
commande du gain à virgule flottante instantanée : instantaneous floating-point control.
commande programmée du gain : programmed gain control (PGC).

commanditaire – sponsor.

commun, commune – common.

communication – paper.

commutateur – roll-along switch, switch.

commuter – commutate (to).

compact, compacte – tight.

compactage – compaction, packing.

compaction – compaction.
compaction différentielle : differential compaction.

comparaison – comparison, matching.
comparaison à un abaque : curve matching.
comparaison de phase : phase comparison.
comparaison en animation : wink technique.

compatible – compatible, consistent.

compensé d'effet de trou – borehole compensated (BHC).

compenser – balance (to) a survey.

compétent, compétente – competent *(geol.)*.

compilateur – compiler.

complément – complement.
complément à deux : two's complement.
complément à un : one's complement.

complexe – complex, sophisticated.

composante – component.
composante continue : zero-frequency component.
composante lissée : trend.

composite – composite.

composition – mixing, stack.
composition de traces : trace integration.
composition de traces brutes : vertical stack.
composition de traces non adjacentes : skip mixing.

compressibilité – compressibility.

compression – compression.
compression d'impulsion : spiking.

comprimer le signal – spike (to).

compromis – compromise, tradeoff.

comptage-temps de terrain – field timing.

compteur – counter, meter.

concaténation – concatenation.

concession – concession, lease *(USA)*.

concordance – concordance.
concordance stratigraphique : conformity.

concordant, concordante – conformable *(geol.)*.

concourant, concourante – intersecting.

condensateur – capacitor, condenser.

CONDEP – CONDEP *(tradename for a depth controller)*.

condition – condition.
condition aux limites : boundary condition.
condition d'équilibre : equilibrium condition.
condition initiale : initial condition.

conditions normales de température et de pression – STP (standard temperature and pressure).

conducteur – electric conductor, electronic conductor.

cône – cone, fan.
cône de déjection : alluvial cone.

configuration – configuration, external shape.

congrès – conference, congress, convention.

conique – tapered.

conjugaison – conjugation.

conjugué, conjuguée – conjugate.

connecteur – connector.
  connecteur à détrompeur : polarized connector.

connexion – connection.
  connexion en parallèle : bridle.
  connexion en tire-bouchon : pigtail connection.

consolider – ruggedize (to).

constante – constant.
  constante d'élasticité : elastic constant.
  constante de temps : decay constant, time constant.
  constante de temps de compression : attack time.

construction antisismique – earthquake-proof construction.

contact – contact.
  contact eau-huile : oil-water contact, water table.
  contact huile-gaz : gas-oil contact.

continental, continentale – continental.

continu, continue – continuous.

contracter le signal – spike (to).

contrainte – constraint, stress.
  contrainte de cisaillement : shear stress.
  contrainte normale : normal stress.
  contrainte tangentielle : shear stress, tangential stress.

contraste – contrast.
  contraste d'atténuation : attenuation contrast.
  contraste de vitesse : velocity contrast.

contre-pendage – reversal.

contrebiseau – onlap.

contrôle – check, test.
  contrôle de ligne : continuity test.
  contrôle de parité : parity check.
  contrôle de parité longitudinale : LPC (longitudinal parity check).
  contrôle de parité verticale : vertical parity check.
  contrôle de qualité : quality control (QC).
  contrôle de redondance de cycle (CRC) : cycle-redundancy check (CRC).
  contrôle de sommation : summation check.
  contrôle de validité : validity check.

contrôler – check (to), monitor (to).

contrôleur – controller.
contrôleur d'entrepreneur : bird-dog.
contrôleur de bande : tape controller.
contrôleur de disque : disc controller.
contrôleur de ligne : line tester.
contrôleur de mission : bird-dog.
contrôleur de profil : line tester.

convention de polarité – polarity convention.

convergence – convergence.

conversion – conversion.
conversion d'onde : wave conversion.
conversion de numérique en analogique : digital-to-analog conversion.
conversion de type d'onde : mode conversion.
conversion temps-profondeur : time-to-depth conversion.

convertisseur – converter.
convertisseur analogique-numérique (CAN) : analog-to-digital converter.

convolueur – convolver, digital filter box.

convolution – convolution, faltung, folding.

coordonnées sphériques – spherical coordinates.

copie d'écran – hard copy.

coquille (géophone) – case (géophone).

cordeau – cord.
cordeau détonant : detonating cord, detonating fuse, explosive cord.

cordon – bar.
cordon d'embouchure : mouth bar.
cordon littoral : offshore bar.

correction – correction.
correction alti : elevation correction.
correction altimétrique : datum correction, elevation correction.
correction compatible en surface : surface-consistent correction.
correction d'altitude : elevation correction.
correction d'antenne : antenna offset, stepback.
correction d'effet de compaction : terrain correction.
correction d'effet de surcharge : topographic correction.
correction d'effet de surface : terrain correction.
correction d'obliquité : dynamic correction, normal-moveout correction, slant-path correction, spread correction, wave-slant correction.

correction de deuxième ordre : second-order correction.
correction de filtre : filter correction.
correction de gain : gain correction.
correction de remplacement : excess time.
correction de signal : signal correction.
correction de surface : surface correction.
correction de vitesse : velocity correction.
correction de zone altérée : weathered-layer correction, weathering correction.
correction dynamique : dynamic correction, normal-moveout correction.
correction par indicatrice : trim.
correction relative de zone altérée : differential weathering correction.
correction statique : peel-off time, static correction.
correction troposphérique : tropospheric correction.

corrections de surface – low-velocity-layer correction, near-surface corrections.

corrélateur – correlator.

corrélation – correlation, crosscorrelation.
corrélation à distance : jump correlation, spot correlation.
corrélation à l'estime : jump correlation, spot correlation.
corrélation à vue : spot correlation.
corrélation au temps de coïncidence : zero-lag correlation.

corrélogramme – correlogram, sectional correlogram.

corriger – rectify (to).

cosmétique – cosmetics.

cotation – grading, quotation.

cote – depth.

couche – bed, bedding, layer.
couche altérée : weathered layer.
couche basale : bottomset bed.
couche compétente : competent bed.
couche frontale : foreset bed.
couche granoclassée : graded bedding.
couche incompétente : incompetent bed.
couche indétectable : hidden layer.
couche indétectée : undetected layer.
couche lente : low-velocity layer.
couche masquée : hidden layer, masked layer.
couche rapide : high-speed layer, high-velocity layer.
couche-repère : key bed.

couche sommitale : topset bed.
couche soumise aux intempéries : weathering.

couches inclinées sous discordance – toplap.
couches inclinées sur discordance : downlap.

couleurs primaires – primary colors.
couleurs primaires additives : additive primary colors.
couleurs primaires soustractives : subtractive primary colors.

coulis d'explosif – slurry explosive.

couloir exploré – swath.

coupe – cross-section, profile, section.
coupe à déport constant : offset section.
coupe anamorphosée : compressed section, squeeze section.
coupe compensée : balanced cross-section.
coupe comprimée : compressed section, squash plot, squeeze section.
coupe d'impédance : impedance section.
coupe d'impédance acoustique : acoustic-impedance section.
coupe de coefficients de réflexion : reflectivity section.
coupe de traces proches : near-trace section.
coupe des temps à l'origine : reduced refraction section.
coupe élaborée : processed section.
coupe en couverture simple : hundred-percent section.
coupe horizontale : horizontal section.
coupe horizontalisée : datumized section, flattened section.
coupe palinspastique : palinspastic section.
coupe préliminaire : preliminary section.
coupe-profondeur : depth section.
coupe-profondeur migrée : migrated depth section.
coupe recalée sur un horizon : datumized section, flattened section.
coupe réduite à une référence : datumized section, flattened section.
coupe restaurée : balanced cross-section.
coupe restituée : plotted section.
coupe rétrotectonique : palinspastic section.
coupe sismique : record section, seismic section.
coupe-somme brute : brute stack.
coupe stratigraphique : stratigraphic section.
coupe structurale : structural section.
coupe-temps : time section.
coupe-trace proche : short-trace section.
coupe traitée : processed section.
coupe-type : standard section.
coupe verticale : vertical section.

coupes (budgétaires) – slash (budget).

couplage – coupling, plant.
couplage au sol : ground coupling.
couplage d'impédance : impedance matching.

couple – pair.
couple de transformées : transform pair.
couple fenêtre-transformée : window pair.

coupleur – coupler.
coupleur acoustique : acoustic coupler.

coupure – cutoff.

courant – current.
courant continu : direct current (dc).
courant de Foucault : eddy current.
courant de turbidité : turbidity current.
courant vagabond : eddy current.

courbe – curve.
courbe d'amortissement : decay curve.
courbe de convexité maximale : curve of maximal convexity.
courbe de correction : departure curve.
courbe de décroissance : decay curve.
courbe de diffraction : diffraction curve.
courbe de dispersion : dispersion curve.
courbe de gain : gain curve.
courbe de niveau : contour, contour line.
courbe de phase : phase curve.
courbe de régression : curve fitting.
courbe de transmission : transmission curve.
courbe des ordonnées à l'origine : intercept curve.
courbe relative : intercept curve.
courbe T-X/V : intercept curve.
courbe temps-distance : T-X curve, traveltime curve.
courbe temps-profondeur : T-D curve, time-depth curve.
courbe-type : standard curve.
courbe vitesse-profondeur : velocity curve.

courbure – curvature.
courbure d'indicatrice : moveout, stepout.
courbure de la trajectoire : raypath curvature.
courbure du front d'onde : wavefront curvature.
courbure du rayon : raypath curvature.
courbure maximale : maximum convexity.
courbure normale : normal moveout (NMO).

court, courte – short.

couverture – overburden, seal.
couverture en profondeur : subsurface coverage.

couverture-miroir : subsurface coverage.
couverture multiple : multiple coverage.
couverture simple : single coverage.

CP/M – CP/M (control program for microprocessors).

CRC (contrôle de redondance de cycle) – CRC (cyclic redundancy check).

créneau – boxcar, square wave.

crête – crest, peak.

creux – trough, valley.

critique – critical.

crochon (de faille) – drag fold.

croisement de courbes – crossover.

croix – cross.

croûte – crust.
croûte continentale : continental crust.
croûte océanique : oceanic crust.
croûte terrestre : Earth's crust.

culmination – time of closest approach.
culmination (d'un pli) : high *(structural).*

curseur – cursor, index.

cycle – cycle, leg.
cycle actif : duty cycle.
cycle de base : cycle time.

cycles par seconde – cps (cycles per second).

cylindrique – cylindrical.

d

dame – impactor, tamper.

dB – dB *(symbol for decibel).*

DCB (décimal codé en binaire) – BCD (binary-coded decimal).

débit – flow rate, throughput.

débitmètre – flowmeter, velocimeter.

déblais – cuttings.

déboguer – debug (to).

débordement – overflow.

débourrage – blowout, hole blow.

débranchement – branch *(data processing).*

décalage – displacement, offset, shift.
décalage binaire : bit shift.
décalage Doppler : Doppler shift.
décalage fréquentiel : offset frequency.

décalé en quinconce – staggered.

déchirure – foldover.

décibel – decibel (dB).
décibel par octave : decibel per octave *(dB/octave).*

décimalisation instantanée – floating point.

décision à la majorité – majority vote.

déclin – decay.

déclinaison – declination.
déclinaison magnétique : magnetic declination.

décodeur – decoder.

décollement – decollement.

décomposition de Fourier – Fourier analysis.

déconvolution – deconvolution.
déconvolution adaptative : adaptative deconvolution.
déconvolution blanchissante : spiking deconvolution.
déconvolution contractante : spiking deconvolution.
déconvolution de mise en forme : shaping deconvolution.
déconvolution déterministe : deterministic deconvolution.
déconvolution économe : parsimonious deconvolution.
déconvolution non prédictive : spiking deconvolution.
déconvolution par l'équation de propagation : wave-equation deconvolution.
déconvolution par la signature : signature deconvolution.
déconvolution parcimonieuse : parsimonious deconvolution.
déconvolution prédictive : gapped deconvolution, predictive deconvolution.

décrément logarithmique – logarithmic decrement.

dédoublement de phase – phase splitting.

défantômage – deghosting.

défantômer – deghost (to).

défilement *(écran)* – scrolling.

défini, définie – defined, definite.

déflagration – blast.

déflexion – deflection, excursion, kick.

déformation – deformation, distortion, strain.
déformation élastique : elastic deformation.
déformation normale : normal strain.
déformation par glissement : collapse structure.
déformation tangentielle : shearing strain.
déformation vers le bas : time sag.

dégagement – release.
dégagement gazeux : gas seep.

dégats de passage – surface damage.

dégradation du signal – quenching.

degré – degree.
degré d'aplatissement : kurtosis.

délai – delay time, time delay.
délai (de traitement) : turnaround.

Delseis – Delseis *(tradename for a data-acquisition system).*

delta – delta.
delta sous-marin : deepsea fan, delta fan, submarine fan.
delta-t : delta t, dip moveout (DMO), moveout, spread correction, stepout.
delta-t d'obliquité : normal moveout (NMO).
delta-t résiduel : residual normal moveout.

démarrage du forage – spudding in.

demi – half.
demi-espace : half-space.

démodulation – demodulation.

démonstration – derivation *(math.).*

démultiplexage – demultiplexing.

démultiplexer – demultiplex (to).

démultiplexeur – demultiplexer.

densité – density.
densité d'électrons : electron density.
densité d'enregistrement : packing density.
densité d'information : bit density.
densité spectrale : spectral density.
densité variable : variable density.

dépanner – repair (to), troubleshoot (to).

départ – onset, start.

dépassement – excess, overrun.
dépassement de capacité : overflow.
dépassement de la moyenne : standout.

déphasage – phase angle, phase lag, phase shift, shift.
déphasage minimal (à) : minimum phase.
déphasage mixte (à) : mixed phase.

déphasé, déphasée – out-of-phase.

dépister – troubleshoot (to).

déplacement – displacement, shift.

déport – offset, separation.
déport croissant (à) : walkaway.

déport en ligne : online offset.
déport latéral : perpendicular offset.
déport latéral (avec) : broadside.
déport longitudinal : in-line offset.
déport nul : ZSR (zero source-receiver).
déport oblique : eccentricity.
déport perpendiculaire : perpendicular offset.

déporté latéralement – offline.

dépôt – deposit.
dépôt de plaine d'inondation : flood-plain deposit.
dépôt houiller : carbonaceous deposit, coal deposit.
dépôt tidal : tidal deposit.

dépression – depression, low.
dépression apparente : push-down, time sag, velocity sag.
dépression périclinale : rim syncline.

déréverbération – dereverberation, deringing.

dérivation – derivation, differentiation.

dérive – bias, drift.
dérive en épi : feathering.
dérive en épi du câble : streamer feathering.

dérouleur – jug hustler, transport.
dérouleur de bande : magnetic-tape transport, tape transport, tape unit.
dérouleur de câble : juggie *(colloq.)*.

déroutement – trap.

désaccord – discrepancy.

descente (à la) – downhole.
descente du train de tiges : pull-down, running-in.

désordonné, désordonnée – wild.

dessinateur – plotter.

dessiner – draw (to), map (to), plot (to).

destructif, destructive – destructive.

désynthétisation – deconvolution.

détectabilité – readability.

détecteur – detector, pickup.
détecteur de l'arrivée directe : waterbreak detector.

détection – detection.
détection des erreurs : error checking.
détection directe : direct detection.

détermination de vitesse – velocity analysis.
détermination des distances : ranging.

déto – cap.

détonant, détonante – detonating.

détonateur – blasting cap, detonator.
détonateur à retard : delay cap.
détonateur à sympathie : impact blaster, impulse blaster.
détonateur par impulsion : impulse blaster.

détonation – blast.

deux dimensions (à) – areal, two-dimensional.
deux voies (à) : two-way.

développement à sec – dry write.

développer – develop (to), expand (to).

déverminer – debug (to).

déviation de sondage – hole deviation.

diachrone – diachronous.

diaclase – joint.

diadique – dyadic.

diagenèse – diagenesis.

diagnose – diagnostic check.

diagramme – chart, diagram.
diagramme d'exploitation en surface : surface-stacking chart.
diagramme de couverture : stacking chart.
diagramme de couverture en profondeur : subsurface-stacking chart.
diagramme de couverture multiple : layout chart.
diagramme de directivité : directivity graph.
diagramme de dispersion : scatter diagram, scattergram.
diagramme de fléchettes : arrow plot, tadpole plot.
diagramme de front d'onde : wavefront chart.
diagramme de pendage : pigtail chart.
diagramme en bâtonnets : stickogram.
diagramme en panier à oeufs : fence diagram.
diagramme lithologique : lithologic log.
diagramme polaire : phasor diagram, pole diagram, rose.

diagramme stéréographique : cyclographic diagram, pi diagram.
diagramme temps-profondeur : time-depth chart.

diagraphie – log, logging, well log, well logging.
diagraphie (instantanée) de la boue : mud logging.
diagraphie acoustique : acoustic log, seismic log.
diagraphie acoustique à grand écartement : long-spaced sonic log.
diagraphie acoustique de contrôle de cimentation : cement-bond log (CBL).
diagraphie acoustique synthétique : synthetic sonic log.
diagraphie d'amplitude : amplitude log.
diagraphie d'analyse des formations : formation-analysis log (FAL).
diagraphie d'indice de productivité : producibility-index log.
diagraphie de bruit : noise logging.
diagraphie de chantier : graphic log.
diagraphie de contrôle de cimentation : CBL (cement-bond log).
diagraphie de densité : density log.
diagraphie de densité des formations : formation-density log (FDL).
diagraphie de fracturation : fracture log.
diagraphie de points : dot log.
diagraphie de production : production log.
diagraphie de pseudo-impédance acoustique : synthetic acoustic-impedance log.
diagraphie de vitesse : acoustic-velocity log (AVL), continuous-velocity log (CVL), velocity log.
diagraphie différée : wireline logging.
diagraphie électrique : e-log, electric log.
diagraphie en densité variable : variable-density log.
diagraphie en trace galva : full-waveform log.
diagraphie en trace galvanométrique : full-waveform log.
diagraphie habillée : composite log.
diagraphie par induction : induction log.
diagraphie sismique : seismic log.
diagraphie sonique : sonic log.

diapason – tuning fork.

diaphonie – crossfeed, crosstalk.

diapir – diapir.

différence – differential, discrepancy.

différenciation – differentiation.

différentiel – differential *(n.)*.
différentiel de delta-t : differential normal moveout (DNMO).
différentiel Doppler : refraction count.

différentiel, différentielle – differential.

diffraction – diffraction, scatter.
diffraction-fantôme : phantom diffraction.
diffraction troposphérique : tropospheric scatter.

diffuseur – scatterer.

diffusion – scattering.
diffusion en volume : volume reverberation.
diffusion troposphérique : tropospheric scatter.

dilatance – dilatancy.

Dinoseis – Dinoseis *(tradename for an onshore seismic-energy source)*.

diode – diode.
diode de Zener : Zener diode.
diode électroluminescente : light-emitting diode (LED).

dioptre – interface.

dirac – delta function, Dirac function, impulse, spike, unit impulse.

direct, directe – direct.

direction – direction.
direction d'une couche ou d'un plan de faille : strike.
direction préférentielle : trend.

directionnel, directionnelle – directional.

diriger – steer (to).

discontinuité – discontinuity.
discontinuité de Conrad : Conrad discontinuity.
discontinuité de Gutenberg-Weichert : Gutenberg-Weichert discontinuity.
discontinuité de Mohorovičić : Mohorovičić discontinuity.
discontinuité de vitesse : velocity discontinuity.
discontinuité sismique : seismic discontinuity.

discordance – unconformity.
discordance angulaire : angular unconformity, divergent unconformity.
discordance d'érosion : erosional unconformity.
discordance plate : nonangular unconformity.
discordance sous-jacente : underlying unconformity.

discrépance – discrepancy.

discret, discrète – discrete.

disjonction – disjunction.

dispersif, dispersive – dispersive.

dispersion – dispersion, jitter, scattering.
dispersion intrinsèque : intrinsic dispersion.
dispersion inverse : inverse dispersion.
dispersion normale : normal dispersion.
dispersion troposphérique : tropospheric scatter.

dispositif – array, pattern, setup, spread.
dispositif à cheval : split spread, straddle spread.
dispositif à déport croissant : expanding spread.
dispositif à étalement progressif : expanding spread.
dispositif accordé : tuned array.
dispositif allongé : extended spread.
dispositif arrière : tail-end spread.
dispositif avant : front-end spread.
dispositif d'amortissement de la bulle : waveshape kit.
dispositif d'émission : source pattern.
dispositif de géophones : geophone array, geophone pattern.
dispositif déporté longitudinalement : extended spread.
dispositif en bout : off-end spread, single-ended spread.
dispositif en carré diagonal, en losange : diamond array.
dispositif en croix : cross-array, cross-spread, x-spread *(abbreviation of cross-spread).*
dispositif en L : L-spread.
dispositif en ligne : in-line array, in-line spread.
dispositif en T : T-spread.
dispositif pondéré : weighted array.
dispositif pondéré à la Tchebychev : Chebyshev array.
dispositif pondéré en distance : hybrid spread.
dispositif transversal : cross-spread.

disposition – disposition, layout, pattern.
disposition bilatérale : Janus configuration.
disposition en dents de scie : sawtooth pattern.
disposition en épi : feather pattern.
disposition en zig-zag : sawtooth pattern.

disque – disc, disk.
disque magnétique : magnetic disc.
disque optique : optical disc.
disque optique numérique (DON) : optical-digital disc.
disque souple : diskette, floppy disc.

disquette – diskette, floppy disc.

distal, distale – distal.

distance – distance, offset, separation.
distance (à) : remote.

distance angulaire : angular distance.
distance annulaire : standoff.
distance au tir nulle : ZSR (zero source-receiver) distance.
distance critique : critical distance.
distance de prédiction : deconvolution gap.
distance de tir *(sécurité)* : safety distance.
distance entre géophones : geophone interval, geophone spacing.
distance entre traces : group interval.
distance point de brisure-point de tir : crossover distance.
distance source-trace : geophone offset.

distorsion – distortion.
distorsion d'amplitude : amplitude distortion.
distorsion de phase : phase distortion.
distorsion de phase linéaire : intercept distortion.
distorsion en creux : sag distorsion.
distorsion harmonique : harmonic distortion.

distribution delta – delta function, Dirac function.

diurne – diurnal.

divergence – divergence, spreading, wave spreading.
divergence cylindrique : cylindrical divergence.
divergence géométrique : geometric spreading.
divergence sphérique : spherical divergence.

divergent, divergente – divergent.

diverger – blow up (to).

diversité – diversity.

dolomie (roche) – dolomite.

dolomite (minéral) – dolomite.

domaine – domain.
domaine des déports : offset space.
domaine des fréquences : frequency domain.
domaine des fréquences spatiales : space-frequency domain.
domaine des nombres d'onde : space-frequency domain.
domaine des temps : time domain.
domaine f-k : f-k space.
domaine fréquence-nombre d'onde : frequency-wavenumber domain.
domaine fréquentiel : frequency domain.
domaine log-fréquentiel : quefrency domain *(Fourier transform of the log function in the frequency domain).*
domaine temporel : time domain.

domaine-temps : time domain.
domaine temps-nombre d'onde : wavenumber-time domain.

dôme – dome.
dôme de sel : salt dome.

DON (disque optique numérique) – optical numerical disc.

données – data.

donner à ferme – farm out (to).

dorsale – ridge.
dorsale mid-océanique : oceanic ridge.

double – double.
double cheminement : double coverage.
double contrôle : duplication check.
double dispositif : fold-back.

doubler – back up (to).

doublet – doublet.

drapeau – flag.

droit – claim, due, fee, property interest, right.

droit, droite – right, straight.

droite – line, straight line.
droite de hauteur : line of position (LOP).

dromochronique – head wave, time-distance (T-D) curve, T-X curve.
dromochronique composite : composite time-distance curve.

duplex – duplex.

dupliquer – replicate (to).

durée – time.
durée d'enregistrement : recording time.
durée de trajet : traveltime.
durée de trajet acoustique : acoustic traveltime.
durée de trajet réduite : reduced traveltime.

dureté – hardness.

dyke – dike.

dynamique – dynamic, dynamic range, dynamics.
dynamique d'appareillage : dynamic range.

dynamique d'appareillage instantanée : instantaneous dynamic range.
dynamique d'entrée : input dynamic range.

dynamite – dynamite.
dynamite-gomme : gelatin dynamite.

dynamitière – dynamite magazine.

Dynasource – Dynasource *(tradename for a seismic-energy source).*

e

E/S (entrée-sortie) – I/O (input-output).

eau – water.
eau connée : connate water.
eau de compression : water of compaction.
eau de constitution : connate water.
eau de gisement : formation water, oil water.
eau de rétention : bound water.
eau douce : fresh water.
eau interstitielle : interstitial water.
eau liée : bound water.

ébranlement – disturbance.

ébrasé, ébrasée – tapered.

écaille imbriquée – imbricate slice.

écailles (en) – shingling.

écart – deviation, discrepancy, gap, offset, separation.
écart d'indicatrice : differential normal moveout (DNMO).
écart de correction de zone altérée : differential weathering correction.
écart moyen : mean deviation.
écart quadratique : standard deviation.
écart-type : one sigma, RMS error, standard deviation, standard error.

écartement – spacing.

échantillon – point, sample, stick.
échantillon de paroi : sidewall core.

échantillonnage – sampling.

échantillonneur – sampler.
échantillonneur-bloqueur : sample and hold.

échelle – scale.
échelle 1/1 (à l') : true to scale.
échelle anémométrique : wind scale.
échelle chronostratigraphique : chronostratigraphic chart.
échelle d'intensité : intensity scale.
échelle de Beaufort : Beaufort wind scale.
échelle de magnitude : magnitude scale.
échelle Mercalli : Mercalli scale *(arbitrary scale of earthquake intensity)*.
échelle Mercalli modifiée : modified Mercalli scale (MM scale).
échelle Richter : Richter scale.

échelon – step function.
échelon-unité : unit step.

écho – echo.

échogramme – echogram.

échosondeur – echo-ranging sonar, echo-sounder, pinger.

éclat – burst.
éclat d'énergie : burst-out.

éclater – blow up (to).

écorce terrestre – Earth's crust.

écorchage – stripping.

ECORS – ECORS *(acronym : Etude Continentale et Océanique par Réflexion et Réfraction Sismique)*.

écoulement – flow.

écoute passive – passive seismic.

écran-témoin – monitor.

écrêtage – clipping, flat-topping, peak shaving.
écrêtage numérique : digital clipping.

écrêté, écrêtée – clipped.

édition de liens – linkage.

effacement – degaussing.

effectif, effective – effective.

effet – effect.
effet (à) de trou compensé : BHC (borehole compensated).
effet-bulle : bubble effect.
effet-couronne : corona effect.

effet de bouchon de glace : ice-bridge effect.
effet de choc : shot bounce.
effet de courbure d'un miroir : reflector-curvature effect.
effet de grenaille : shot effect.
effet de grille : grid effect.
effet de puits : borehole effect.
effet de saut de cycle : tentpoling.
effet de surcharge : topographic-loading effect.
effet de trou : borehole effect.
effet Doppler-Fizeau : Doppler effect.
effet-lacet : skew.
effet sismoélectrique : seismic-electric effect.

effeuillage – stripping.

efficace – effective.

effort – effort, strain, stress.
effort-terrain : multiplicity.

égalisation – equalization.
égalisation d'amplitude : amplitude equalization.
égalisation d'ondelette : wavelet equalization.
égalisation de la forme d'onde : waveshape stabilization.
égalisation des traces : trace equalization.
égalisation multicanale : cross equalization.
égalisation statique : base leveling, scaling.
égalisation trace entière : base leveling.

égaliser – equalize (to), normalize (to).

élaboré, élaborée – sophisticated.

élaborer – compile (to).

élastance – compliance.

élastique – elastic.

Elcord – Elcord *(tradename for an explosive delay unit).*

électrique – electric.

électrode – electrode, stake.

électronique – electronic.

électrostatique – electrostatic.

électrostrictif, électrostrictive – electrostrictive.

élément – element, section.
élément actif : active section.

élément-amortisseur de traction : stretch member, stretch section.
élément binaire : binary digit.
élément neutre : spacer section *(streamer).*

élévation – elevation, elevation angle.

éliminer – drop (to), eliminate (to), remove (to).

ellipse de polarisation – polarization ellipse.

ellipsoïde – ellipsoid.
ellipsoïde d'anisotropie : ellipsoid of anisotropy.
ellipsoïde des déformations : strain ellipsoid.

éloigné, éloignée – distal.

emballage – packing.

emboîtement – nesting.

embrayage – tie.
embrayage en temps : time tie.

émersion – emergence.

émettre – transmit (to), xmit (to) *(abbreviation of to transmit).*

émission – emission, transmission.
émission sismique : bang, firing, pulse, shot.

empâtement – smear.

empiler – push-down (to).

en bout – end-on.

en disponibilité – off duty.

en format libre – free-field.

en ligne – in-line, online.

en phase – in-phase.

en place – in situ.

en réserve – standby.

en succession – back-to-back.

enchaînement – sequence.

enchère – bid.

encoche – gap, notch, slot.

encoché, encochée – gapped.

encombrement en mémoire – address space.

énergie – energy, power.
énergie de déformation : strain energy.

enfouissement – burial, burying.

enjambement – phase jump.

enregister – record (to).

enregistrement – profiling, record, recording.
enregistrement à déport constant : constant-offset profiling.
enregistrement avec prémagnétisation : a-c bias recording.
enregistrement avec tension de polarisation : bias recording.
enregistrement codé par groupe : group-coded recording.
enregistrement d'un carottage sismique : shooting a well.
enregistrement démultiplexé : trace sequential.
enregistrement des passages à zéro : sign-bit recording.
enregistrement direct : direct recording.
enregistrement en bit de signe : sign-bit recording.
enregistrement en méthode transposée : transposed recording.
enregistrement en parallèle : bridle, dual recording, parallel record.
enregistrement galva : variable-amplitude recording.
enregistrement numérique : digital recording.
enregistrement reproductible : reproducible recording.
enregistrement sismique : seismic record(ing).
enregistrement transposé : transposed recording.

enregistreur graphique – strip-chart recorder.

enroulage – winding up.
enroulage de phase : wrapping.

enrouler – pick up (to).

ensellement (d'un pli) – low *(structural)*.

entraînement – pickup.

entrecroisé – crisscross.

entrée – input.
entrée directe : transformerless input.
entrée équilibrée : balanced input.
entrée sans transformateur : transformerless input.
entrée-sortie asynchrone : asynchronous I/O.

entrelacement – interlacing.

entrepreneur – contractor.

entrer – input (to), read (to).

enveloppe – envelope

épaisseur de la zone envahie – depth of invasion.

épaulement (d'une courbe) – shoulder.

éperon – nose.

éphéméride – ephemeris.

éphémérides – ephemeral data.

épicentre – epicenter.

épingle à géophones – geophone hanger.
épingle de ramassage : geophone hanger.

épreuve – hard copy.

équation – equation.
équation d'ondes : wave equation.
équation de l'acoustique : scalar-wave equation.
équation de l'eikonal : eikonal function.
équation de l'imagerie : eikonal equation.
équation de Laplace : Laplace's equation.
équation de propagation des ondes : wave equation.
équation de Wyllie : time-average equation.
équation de Zoeppritz : Zoeppritz's equation.
équation des ondes : wave equation.
équation du second degré : quadratic equation.
équation scalaire de propagation : scalar-wave equation.

équations de Wiener-Hopf – Wiener-Hopf equations.
équations normales : normal equations.

équeutage – tail mute.

équidistance – CI (contour interval).
équidistance entre courbes : contour interval (CI).
équidistance logarithmique entre isolignes : logarithmic contour interval.

équilatéral, équilatérale – equilateral, trigonal.

équilibré, équilibrée – balanced.

équilibrer – balance (to).
équilibrer une coupe : balance (to) a section.

équinoxe – equinox.
équinoxe d'automne : autumnal equinox.

équinoxe de printemps : vernal equinox.
équinoxe vernal : vernal equinox.

équipe – crew, party.
équipe (sismique) à contrat sans lendemain : bobtail(ed) crew.
équipe de préparation (de traitement sismique) : input group.
équipe de réflexion terrestre : land seismic crew.
équipe de sismique réflexion marine : marine seismic crew.
équipe de terrain : field crew.

érosion – erosion.
érosion (d') : erosional.

erreur – bug, error.
erreur cumulée : cumulative error.
erreur d'arrondi : round-off error.
erreur d'échantillonnage : sampling error.
erreur d'écrêtage : truncation error.
erreur d'embrayage : mistie.
erreur de cap : pointing error.
erreur de conversion : digitizing error, quantizing error.
erreur de fermeture : bust, misclosure.
erreur de prédiction : prediction error.
erreur de troncation : truncation error.
erreur en cours d'exécution : run-time error.
erreur intermittente : temporary error.
erreur permanente : permanent error.
erreur quadratique : RMS error.
erreur systématique : systematic error.

éruption – blowout.

esclave – slave.

espace – domain, space.

espérance mathématique – expected value, mathematical expectation.

essai – test.
essai au (coup de) pied : tap test.
essai de fuite : leakage test.
essai de réception : acceptance test.
essai sur dispositif redoublé : fold-back test.

essaim – swarm.

essayer un ampli – make (to) a bridle.

estimation – estimation.
estimation spectrale à entropie maximale : maximum-entropy spectral estimation.

étage – stage.

étagement des vitessses – velocity layering.

étalement – spreading.

étalon – standard.

étalonnage – calibration.

étalonner – calibrate (to).

étanchéité – seal.

état – state.
état d'équilibre : steady state.
état solide : solid state.
état stable : steady state.
état stationnaire : steady state.

étendu, étendue – extended.

étendue – range.

étinceleur – sparker.
étinceleur à fil : exploding wire.

étincelle – spark.

étiquette – header *(block)*.

étirement – stretch.
étirement du signal : pulse stretching.

étude – analysis, survey.
étude 3D : three-D (3D) survey.
étude à trois dimensions : three-D (3D) survey.
étude de cas : case history.
étude de la séquence sismique : seismic-sequence analysis.
étude de vitesse : velocity survey.
étude du bruit ambiant : ground-noise survey.
étude du bruit naturel : noise survey.
étude géophysique : geophysical survey.

étudier – survey (to).

euristique – heuristic.

événement – event.
événement fictif : spurious event.
événement majeur : master event.
événement mineur : tremor.
événement parasite : spurious event.

événement sismique : seismic event.
événements anormaux : abnormal events.

évent – port.

éventail – fan.
éventail sous-marin : deepsea fan.

exactitude – accuracy *(discrepancy between the true value and the result obtained by measurement).*

exagération verticale – vertical exaggeration.

excentricité – eccentricity.

excès sphérique – spherical excess.

exclusif, exclusive – exclusive.

exécuter une campagne sismique – shoot (to).

exemple-type – case history.

expansion – spreading.
expansion du front d'onde : wave spreading.

exploitation – exploitation.
exploitation continue : roll-along.
exploitation d'un profil sismique : profiling.
exploitation en couverture multiple : roll-along.

explorateur – explorationist.

exploration – exploration, prospecting.
exploration pétrolière : oil exploration, petroleum prospection.

explorer – prospect (to).

explosant, explosante – exploding.

explosif – explosive, powder.
explosif détonant : detonating explosive.
explosif préchargé : sleeper.
explosif primaire : primer.

explosion – blast, explosion.

exponentiel, exponentielle – exponential.

extensible – expanding.

extensomètre – displacement meter, extensometer.

extraction – extraction.

extraction de l'ondelette : wavelet extraction.

extraction du signal : wavelet extraction.

f

f-k – f-k *(frequency and wavenumber).*

FAC (fonction d'autocorrélation) – ACF (autocorrelation function).

fac-sim – hard copy.

faciès – facies.

facteur – factor.
facteur d'atténuation : attenuation factor.
facteur d'échelle : scaler, scaling factor.
facteur de cimentation : cementation factor.
facteur de transfert en puissance : power-transfer function.
facteur Q : Q-factor.

faille – fault.
faille à charnière : hinge fault.
faille à décrochement horizontal : strike-slip fault, transcurrent fault.
faille à rejet horizontal : strike-slip fault.
faille antithétique : antithetic fault.
faille-barrière : sealing fault.
faille conforme : conformable fault.
faille d'effondrement : dip-slip fault.
faille d'étanchéité : sealing fault.
faille de chevauchement : overthrust fault.
faille de compensation : adjustment fault.
faille de compression : compression fault.
faille de croissance : growth fault.
faille de décrochement : tear fault.
faille dextre : right-lateral fault.
faille diagonale : diagonal fault, oblique fault.
faille directe : normal fault.
faille directionnelle : strike fault.
faille en échelon : en échelon fault.
faille en escalier : step fault.

faille en retour : antithetic fault.
faille imbriquée : imbricate fault.
faille inverse : reverse fault, thrust fault.
faille listrique : listric surface.
faille normale : normal fault.
faille plate : low-angle fault.
faille-pli : fold fault.
faille sénestre : left-lateral fault.
faille syngénétique : growth fault.
faille synsédimentaire : growth fault.
faille synthétique : synthetic fault.
faille transformante : transform fault.
faille transversale : transverse fault.
faille verticale de décrochement : wrench fault.
failles conjuguées : conjugate faults.

faisceau – beam.
faisceau principal : main beam.

fanion – flag.

fantôme – ghost, phantom.
fantôme de corrélation : correlation ghost.

fatigue – fatigue.
fatigue de trou : hole fatigue.
fatigue du trou de tir : shothole fatigue.

fausse couleur – false color.

faux anticlinal – antiformal syncline.
faux synclinal : synformal anticline.

fenêtre – aperture, gate, window.
fenêtre d'enregistrement : shotpoint gap.
fenêtre de calcul : design gate.
fenêtre de Hanning : Hanning window.
fenêtre de tir : shotpoint gap.
fenêtre gaussienne : Gaussian window.
fenêtre glissante : sliding window.
fenêtre mobile : running window.

fente – fissure, slot.

fermer un cheminement – balance (to) a survey.

fermeture – closure.
fermeture par faille : fault-closed.
fermeture par pendage : dip-closed.
fermeture structurale : structural closure, vertical closure.
fermeture verticale : vertical closure.

feuille de données – data sheet.

fiche de données – data sheet.

fichier – file.

fidélité – repeatability.

fil conducteur – lead.

filet – mesh.

film – seismic record *(obsolete)*.
film synthétique : synthetic seismogram.
film synthétique impulsionnel (FSI) : unit-impulse synthetic seismogram.

filon – vein.

filtrage – filtering *(see also filtre)*.
filtrage à 2D : two-dimensional filtering.
filtrage à entropie maximale : maximum-entropy filtering.
filtrage améliorant la cohérence : coherence filtering.
filtrage bidimensionnel : two-dimensional filtering.
filtrage de fréquence avant traitement : preemphasis.
filtrage en delta-t : moveout filtering.
filtrage en fréquence : frequency filtering.
filtrage en fréquence spatiale : wavenumber filtering.
filtrage en nombre d'onde : wave-vector filtering, wavenumber filtering.
filtrage en vitesse apparente : apparent-velocity filtering, beam pointing, moveout filtering.
filtrage linéaire : linear filtering.
filtrage monocanal : single-channel filtering.
filtrage multicanal : multichannel filtering.
filtrage optique : optical filtering.
filtrage par corrélation : template scan.
filtrage par polarisation : polarization filtering, quadrature filtering.
filtrage spatial : space filtering.
filtrage spatio-fréquentiel : trend analysis.
filtrage variable avec le temps : time-variant filtering.

filtrat – mud filtrate.

filtre – filter *(see also filtrage)*.
filtre à déphasage minimal : minimum-phase filter.
filtre à l'enregistrement : field filter.
filtre à maximisation d'énergie : maximum-energy-sum filter, output-energy filter.
filtre à minimum d'entropie : minimum-entropy filter.
filtre à phase nulle : zero-phase filter.

filtre à retard : delay filter.
filtre à retard minimal : minimum-delay filter.
filtre à rétroaction : feedback filter.
filtre accordé : matched filter.
filtre actif : active filter.
filtre adapté : correlation filter, matched filter.
filtre analogique : analog filter.
filtre antialias : alias filter, antialias filter.
filtre antireflet : antialias filter.
filtre Butterworth : Butterworth filter.
filtre-compensateur de déphasage : phase-correction filter.
filtre compensateur de déphasage-labo : instrument-phase compensation filter (IPCF).
filtre coupe-bande : band-reject filter.
filtre coupe-bas : low-cut filter.
filtre coupe-haut : high-cut filter.
filtre d'enregistrement : record filter.
filtre d'entrée : input filter.
filtre d'intercorrélation : crosscorrelation filter.
filtre dans le domaine spatio-temporel : space-time filter.
filtre de Backus : Backus filter.
filtre de corrélation : correlation filter, crosscorrelation filter.
filtre de déphasage : correlation filter, dispersive filter.
filtre de Hilbert : Hilbert filter.
filtre de Kalman : Kalman filter.
filtre de lissage : ripple filter.
filtre de rejeu : playback filter.
filtre de Wiener : S/(S+N) filter, Wiener filter.
filtre éjecteur : reject filter.
filtre en éventail : fan filter.
filtre en papillon : butterfly filter.
filtre en pendage : dip filter.
filtre en vitesse : velocity filter.
filtre-encoche : notch filter.
filtre-entaille : notch filter.
filtre f-k : f-k filter, space-time filter.
filtre inverse : antifilter, inverse filter.
filtre linéaire en phase : linear-phase filter.
filtre numérique : digital filter.
filtre optimal : optimum filter.
filtre optique : optical filter.
filtre par moindres carrés : least-square filter.
filtre passe-bande : band-pass filter.
filtre passe-bande très étroit : exclusive filter.
filtre passe-bas : low-pass filter.
filtre passe-haut : high-pass filter.
filtre passif : passive filter.
filtre réalisable : realizable filter.

filtre récurrent : recursive filter.
filtre rephaseur : phase-correction filter.
filtre stationnaire : stationary filter.
filtre très sélectif : exclusive filter.
filtres passe-bande adjacents : frequency slices.

fin – end.
fin de fichier (marque) : end-of-file mark.

fissure – fissure.

flèche – arrow, bar, stick.
flèche d'une structure : vertical closure.
flèche de pendage : dip vector.

Flexichoc – Flexichoc *(tradename for a seismic-energy source).*

Flexotir – Flexotir *(tradename for a seismic-energy source).*

flexure – hinge.

flottabilité – buoyancy.
flottabilité nulle (à) : neutrally buoyant.

flottant, flottante – floating.

fluage – creep.

flûte – cable, streamer.
flûte de fond : bay cable.
flûte marine : streamer.

flux – flow.

flysch – flysch.

focal, focale – focal.

focalisation – focusing.
focalisation due à la vitesse : velocity focusing.
focalisation enterrée : buried-focus effect.

foisonnement – dilatancy.

fonction – function.
fonction à bande limitée : band-limited function.
fonction causale : one-sided function.
fonction d'anticipation : anticipation function.
fonction d'apodisation : apodizing function.
fonction d'autocorrélation (FAC) : autocorrelation function (ACF).
fonction d'Heaviside : Heaviside function.
fonction d'intercorrélation : crosscorrelation function.
fonction de corrélation : crosscorrelation function.

fonction de corrélation normée : normalized-crosscorrelation function.
fonction de distribution : distribution function.
fonction de Hamming : Hamming function.
fonction de Hanning : Hanning function.
fonction de transfert : transfer characteristics, transfer function.
fonction-échelon : step function.
fonction impaire : odd function.
fonction-impulsion : Dirac function.
fonction paire : even function.
fonction périodique : periodic function.
fonction propre : eigenfunction.
fonction spline : spline function.
fonction unilatérale : one-sided function.
fonctions potentielles : potential functions.

fond – bottom.
fond (de) : bottomhole.
fond de carte : base map.
fond de trou (de) : downhole.

forage – drilling.
forage à l'air : air drilling.
forage à la mousse : foam drilling.
forage au jet : jet drilling.
forage par battage : spudding.
forage rotary (par rotation) : rotary drilling.

force – strength.

foreuse – drill.

formage de l'impulsion – pulse shaping.

format – format.
format de bande analogique : analog tape format.
format multiplexé : multiplexed format, time-sequential format.
format normal : standard format.
format-type : standard format.

formatage – formatting.

formater – format (to).

formateur – formatter.

formation – formation *(geol.)*, training.

forme d'onde – waveform, waveshape.

formule – formula.
formule de Dix : Dix formula.

formule de Gassmann : Gassmann equation.
formule de Geertsma : Geertsma formula.
formule de Wyllie : Wyllie relationship.

fossé – trench.
fossé d'effondrement : graben, rift.
fossé océanique : oceanic trench.

fourchette – range.

foyer – focus.
foyer de diffraction : diffraction knot.
foyer enterré : buried focus.

fracture – fracture.

fréquence – frequency.
fréquence acoustique : audio-frequency.
fréquence angulaire : angular frequency.
fréquence audible : audio-frequency.
fréquence-coin : corner frequency.
fréquence complexe : complex frequency.
fréquence d'échantillonnage : sample rate, sampling frequency, sampling rate.
fréquence de coupure : cutoff frequency, roll-off.
fréquence de coupure en puissance : half-power point.
fréquence de Nyquist : Nyquist frequency.
fréquence de repliement : folding frequency.
fréquence de résonance : resonant frequency.
fréquence instantanée : instantaneous frequency.
fréquence limite : corner frequency.
fréquence négative : negative frequency.
fréquence nulle : zero frequency.
fréquence prépondérante : dominant frequency.
fréquence propre : eigenfrequency, natural frequency, resonant frequency.
fréquence-radio : radio frequency.
fréquence repliée : alias.
fréquence spatiale : spatial frequency.
fréquence temporelle : temporal frequency.
fréquences repliées principales : principal alias.

front – front.
front d'onde : wavefront.
front d'onde sphérique : spherical wavefront.
front de delta : delta front.
front de glissement : toe structure.

frontale – front-end.

frontière (condition) – boundary condition.

FSI (film synthétique impulsionnel) – unit-impulse synthetic seismogram.

fuite – leak, leakage.

g

G-log – G-log *(tradename for a seismic log).*

gabarit – template.

gain – gain.
gain à base quatre : quaternary gain.
gain binaire (commande de) : binary-gain control.
gain binaire (ou gain à variation binaire) : binary gain (BG).
gain de rejeu : playback gain.
gain en circuit ouvert : open-loop gain.
gain fixe : steady gain.
gain initial : initial gain.
gain programmé : PGC (programmed gain control), programmed gain.
gain quaternaire : quaternary gain.
gain variable avec le temps : time-variable gain.
gain variant avec le temps : TVG (time-variant gain).

gaine – boot.
gaine (du câble) : skin.

gainer – boot (to).

galet-guide de bande – tape-guide pins.

galvanomètre – galvanometer.
galvanomètre à fil : string galvanometer.

gamme – range.

GASSP – GASSP (gas source seismic profiler) *(tradename for a gas-exploder system).*

gâteau de boue – mud cake.

gaz – gas.
gaz naturel : natural gas.

gélatine – gelatin.

générateur de balayage – sweep generator.

génie parasismique – engineering seismology.

Geoflex – Geoflex *(tradename for a seismic-energy source).*

Geograph – Geograph *(tradename for a weight-drop method).*

Geoloc – Geoloc *(tradename for a radio-positioning system).*

Geolock – Geolock *(tradename for a borehole seismic tool).*

géologie – geology.
géologie pétrolière : petroleum geology.
géologie structurale : structural geology.

géométrique – geometric.

géomorphologie – geomorphology.

géophone – geophone, pickup, seismograph.
géophone à bobine mobile : moving-coil geophone.
géophone à réluctance variable : variable-reluctance geophone.
géophone électrodynamique : electrodynamic geophone.
géophones en grappes : bunched geophones.
géophones groupés : bunched geophones.

géophysicien – geophysicist.

géophysique – geophysical, geophysics.
géophysique appliquée : exploration geophysics.
géophysique combinée : integrated geophysics.
géophysique de génie civil : engineering geophysics.
géophysique de gisement : development geophysics.

gestion de file d'attente – queuing.

GIGO – GIGO (garbage in, garbage out).

gisement – bearing, deposit, pool.
gisement de pétrole : oil accumulation, oil deposit.

gîte – list, tilt.

glace – ice.

glacis continental – continental rise.

glissement en masse synsédimentaire – slumping.

GPS – GPS (global positioning system).

graben – graben.

gradient de vitesse – acceleration factor, velocity gradient.

grande réfraction – deep refraction.

grandeur – magnitude, quantity.
grandeur nature : true to scale.

granulés – prills.

graphe P-lenteur – P-slowness graph.

graphique comparatif – crossplot.
graphique vectorielle : vector graphics.

grappe de géophones – geophone bunch, geophone cluster, nest of geophones.

gravité – gravity.

grès – sandstone.

grille – grid.

grisé – gray level.

groupe – group.
groupe d'intérêt : group shoot.
groupe de capteurs : group.
groupe de discussion : panel.
groupe de géophones : geophone group, multiple geophones.

groupement – array.

guide d'onde – channel, trap, wave guide.

guillemet – quotation mark, quote.

GUS BUS – GUS BUS *(tradename for telemetering system).*

guyot – seamount.

h

hachures – hachures.

halocinèse – halokinesis.

harmonique – harmonic, harmony frequency.
harmonique sphérique : spherical harmonic.

haut, haute – high.
haut pouvoir séparateur (à) : high resolution (HR).
haute résolution (à) : high resolution (HR).
haute résolvance (à) : high resolution (HR).
haute séparation (à) : high resolution (HR).

haut-fond – shoal.

hauteur – height.
hauteur d'appareil : height of instrument (HI).
hauteur imprégnée : oil column.

HDDR – HDDR (high density data recording) *(tradename for a digital data recording system).*

héliportable – heliborne.

héliporté, héliportée – heliborne.

hertz – hertz *(unit of frequency).*

hétérogénéité – heterogeneity, inhomogeneity.

heure initiale – focal time, origin time.

heuristique – heuristic.

hie – impactor.

histogramme des pendages – dip spectrum.

HMGC (Hydrologie, Mines, Génie Civil) – engineering geophysics.

hodochrone – T-X curve, time-distance curve, traveltime curve.
hodochrone normale : normal traveltime curve.

hodographe – odograph.

holographie – holography.
holographie optique : optical holography.

homogénéiser une coupe – balance (to) a section.

homogénéité – homogeneity.

homomorphisme – homomorphism.

horizon – horizon, marker.
horizon-fantôme : phantom.
horizon optique : line of sight (LOS).

horizontal, horizontale – horizontal.

horizontalisation – flattening.

horizontaliser – flatten (to).

hors alignement – offline.
hors ligne : offline.
hors norme : standout.

horst – horst.

houle – swell, waves.

huile – oil, petroleum.

hybride – hybrid.

hydrate de gaz – gas hydrate.

hydrocarbure – hydrocarbon.

hydrographie – hydrography.

hydrophone – hydrophone, pressure detector.
hydrophone à céramique tubulaire : cylindrical hydrophone.
hydrophone à disques : disc hydrophone.
hydrophone à flexion : bender.
hydrophone à pastilles : disc hydrophone.

Hydrosein – Hydrosein *(tradename for an offshore seismic-energy source)*.

hydroxyde de baryum – barium hydroxide.

hyperbolique – hyperbolic.

hypocentre – hypocenter.

hystérésis – hysteresis.

Hz – Hz *(symbol for hertz)*.

i

identités trigonométriques – trigonometric identities.

image – image.
image fantôme : foldover.
image-temps d'un synclinal pincé : bow tie.

imagerie – imagery.
imagerie radar : radar imagery.

imaginaire – imaginary *(math.)*.

imbiber – soak (to).

imbibition – imbibition.

imbrication – imbrication, interbedding.

imbriqué, imbriquée – crisscross, imbricate, overlapping.

immobilisation (temps d') – down time.

impédance – impedance.
impédance acoustique : acoustic impedance, wave impedance.
impédance acoustique spécifique ou caractéristique : specific acoustic impedance.
impédance d'entrée : input impedance.
impédance de transfert : transfer impedance.
impédance élastique : elastic impedence.
impédance fictive : dummy load.

imperméable – impermeable, tight.

impétus – impulse, kick, onset.

imploseur – imploder.

implosion – implosion.

imprégner – soak (to).

imprimante – line printer, printer.

impulsion – impulse, pulse, spike.
impulsion d'autocorrélation : autocorrelation pulse.
impulsion-unité : unit impulse.

in situ – in situ.

incertitude – uncertainty.

incidence – incidence.
incidence normale : normal incidence.
incidence rasante : grazing incidence.

incident, incidente – incident.

inclinaison – inclination, pitch, slant, tilt.
inclinaison par rapport à la verticale : hade.

incliné, inclinée – dipping.

inclinomètre – inclinometer, tiltmeter.

incompétent, incompétente – incompetent.

incompressibilité – incompressibility.

incrément – increment.

indépendant, indépendante – independent, standalone.

index – index.

indicatrice – T-X curve, time-distance curve.

indice – index, show *(of oil or gas).*
indice de pétrole : oil show.
indice de précision : precision index.
indice de réfraction : index of refraction, refractive index.
indice de surface : seepage.

indirect, indirecte – indirect.

inductance – inductance.

induction – induction.
induction par lignes électriques : high-line pickup.

infoduc – bus.

infographie – computer graphics.

information – data, information.
information latérale : cross-information.

informatique – computer science.
  informatique graphique : computer graphics.

ingénierie – engineering.

ininterrompu, ininterrompue – back-to-back.

initial, initiale – initial.

initialiser – initialize (to).

injection d'eau – water flooding, water injection.

inscription de valeurs – posting.

instabilité de phase – jitter.

instant – time.
  instant de tir : time break.
  instant initial : shot break, shot instant, time break.
  instant zéro : time break.

instantané, instantanée – instantaneous.

instruction – instruction.

instrument – instrument.

intégrale de Fourier – Fourier integral.

intégration – integration.
  intégration à grande échelle : large-scale integration (LSI).
  intégration à moyenne échelle : medium-scale integration (MSI).
  intégration à très grande échelle : very large-scale integration (VLSI).

intégré, intégrée – integrated.

intensité – intensity.

interactif, interactive – interactive, online.

interbloc – interrecord gap.

intercalation – interbedding, stringer.

intercorrélation – crosscorrelation.

interdiction d'opérer – interlock.

interface – interface.

interférence – interference, phasing.
  interférence constructive : constructive interference.
  interférence destructive : destructive interference.

interférence par ondes de ciel : sky-wave interference.
interférences de Lloyd ; Lloyd mirror effect.

intermédiaire – intermediate.

interpolation – interpolation.

interprétateur, interprétatrice – interpreter.

interprétation – interpretation.
interprétation itérative : iterative interpretation.
interprétation sédimentologique : stratigraphic interpretation.
interprétation sismique : stratigraphic interpretation.
interprétation structurale : structural interpretation.

interpréteur – interpreter.

interrogation sélective – polling.

interruption – break, interruption, trap *(computer)*.

interspectre – cross-spectrum.

intertrace – group interval, trace spacing.

intervalle – gap, interval, range, span.
intervalle de tir : shooting rate.
intervalle entre géophones : geophone interval.

invariant dans le temps – time-invariant.

inverse – inverse, reciprocal, reverse, reversed.

inverser – commutate (to).

inverseur – inverter gate.

inversion – inverse modeling, inversion.
inversion combinée : joint inversion, mutual inversion.
inversion de pendage : roll-over.
inversion de trace : trace inversion.
inversion de vitesse : velocity inversion.

investigation – scan.

irrégularité – rugosity.

isobathe – depth contour, isobath.

isochore – isochore.

isochrone – isochrone, isotime.

isoclinal – homocline.

isodélai – isochrone.

isolant – insulator.

isolateur – insulator.

isolement d'une électrode – stake resistance.

isoligne – contour.

isopaque – isopach.
isopaque-temps : isotime.

isoplèthe – isopleth.

isoretard – isochrone.

isoséiste – isoseismic line, isoseist.

isotrope – isotropic.
isotrope dans le plan : transversely isotropic.

isotropie – isotropy.
isotropie plane : transverse isotropy.
isotropie transverse : transverse isotropy.

itératif, itérative – iterative.

itération – iteration.

j

jacobien – Jacobian.

jalon – flag, pole.

jarretière de géophones – geophone connector.

jeu de données – data set.

joint – joint.
joint de tubage : casing collar.
joint torique : O ring.

jonction – tie-in.
jonction triple : triple junction.

journal – log book.

justesse – accuracy.

k

K – K.

kurtosis – kurtosis.

l

label – label.

labo – doghouse, instruments, lab.

laboratoire d'enregistrement – recording instruments.

lacet – yaw.

lacune – gap, hiatus.
 lacune sismique : seismic gap.

lambda – lambda.

lampe – lamp.
 lampe de roue phonique : timing lamp.

lampitude – lampitude *(the cepstrum-domain equivalent of amplitude).*

lancer de rayons – ray tracing.

Lancing – Lancing *(tradename for a seismic shooting system).*

langage – language.
 langage informatique : computer langage.
 langage-machine : machine language.

laplacien – Laplacian.

large (au) – offshore.

largeur – width.
 largeur d'ouverture : aperture width.
 largeur de bande : bandwidth.

LASA – LASA (Large Aperture Seismic Array).

LaserScan – LaserScan *(tradename for an optical filtering process).*

latéral, latérale – broadside, lateral, side.

latitude – latitude.
 latitude de polarisation : pitch.

layonner – clear lines (to).

lenteur – interval transit-time, slowness, wave slowness.
 lenteur apparente : raypath parameter.

lentille – dimple *(geol.)*, lens, stringer.

levé – survey, surveying.
 levé au taché et à la stadia : transit-and-stadia surveying.
 levé de doute (faire un) : resolve (to) a lane ambiguity.
 levé stadimétrique : transit-and-stadia surveying.

lever – survey (to).

librairie de programmes – library.

libre – free.

lieu – locus, station, subpoint.
 lieu de positionnement : line of position (LOP).
 lieu des points-miroirs : subsurface trace.
 lieu hyperbolique : hyperbolic line of position.

liftrage – liftering *(the cepstrum-domain equivalent of filtering)*.

ligne – line, profile.
 ligne à haute tension : hi-line.
 ligne à retard : delay line.
 ligne d'échelle conservée : standard line.
 ligne de base : baseline.
 ligne de comptage-temps : time line, timing line.
 ligne de force : line of force.
 ligne de jonction : branch line.
 ligne de marquage-temps : timing line.
 ligne de référence des argiles : shale baseline.
 ligne de rejet nul : tipline.
 ligne de tir : firing line, shooting line.
 ligne de visée : line of sight (LOS).
 ligne des sables : sand line.

limite – boundary, limit.
 limite chronostratigraphique : time line.
 limite d'abrasion : wave base.
 limite d'élasticité : elastic limit, yield strength.
 limite de détectabilité : detectable limit.
 limite de faciès : facies line.
 limite de l'argile : shale baseline.

limite de rupture : breaking strength.
limite du sable : sand line.

linéaire – linear.

lire – read (to).

liseré – bias.

lisibilité – readability.

lissage – smoothing.

listage – listing.

lit – bed.

litage – bedding.

lithosphère – lithosphere.

littoral, littorale – coastal, littoral.

lobe – beam, lobe.
lobe de méandre : meander lobe.
lobe latéral : side lobe.
lobe principal : main lobe.
lobe-reflet principal : principal alias lobe.
lobe secondaire : secondary lobe.

localisation – location, positioning.
localisation par méthode des chapeaux : resection.

location à bail – leasing.

loch – log.

log-normale – log-normal.
log-phase : log-phase.

logarithmique – logarithmic.

logiciel – software.
logiciel sismique : seismic software.

logique transistor/transistor – transistor/transistor logic (TTL).

logspectre – cepstrum.

loi – law.
loi de Descartes : Snell's law.
loi de Faust : Faust's equation.
loi de réflexion : reflection law.
loi de réfraction : law of refraction *(see also Snell's law)*.
loi de Snell-Descartes : Snell's law.

loi de superposition : law of superposition.
loi de vitesse : velocity function.
loi de vitesse-profondeur : velocity-depth relationship.
loi en 1/r² : inverse-square law.

long, longue – long.
longue portée : extended range.

long-feu – misfire.

longueur – length.
longueur d'enregistrement : record length.
longueur d'onde : wavelength.
longueur d'onde apparente : apparent wavelength.
longueur d'onde prépondérante : dominant wavelength.
longueur d'opérateur : operator length.
longueur de mot variable : variable word length.
longueur de prédiction : prediction lag.
longueur du dispositif : array length.

Lorac – Lorac *(tradename for a medium-range radio-wave surveying system).*

Loran – Loran (long-range navigation) *(tradename for a long-range electronic positioning system).*

loupe – dimple, lens, magnifying glass.

loxodromie – loxodrome, rhumb line.

lumière – light, port.
lumière incohérente : incoherent light.

lutite – lutite.

m

magasin – receiver magazine.

magnétique – magnetic.

magnétostriction – magnetostriction.

magnitude – magnitude.
magnitude d'un séisme : magnitude of an earthquake.

maille – loop, mesh.

maître – master.

manche à balai – joystick.

manchon – sleeve.
manchon d'entraînement : kelly bushing (KB).

manque (d'information) – skip.

manteau – mantle.
manteau terrestre : Earth mantle.

mantisse – mantissa.

marches d'escalier (en) – shingling.

marée – tide.
marée terrestre : Earth tide.

marge continentale – continental margin.

marin, marine – marine, offshore.

marne – marl.

marquage-temps – time line.

marque – tape mark.
marque refléchissante : sticker.

marqueur – marker, refractor, wave conductor.
marqueur de début de bande (MDB) : load-point marker.
marqueur-réfraction : refraction marker.

masque – mask.

masse – earth, ground, mass.
masse inerte : stationary mass, steady mass.
masse volumique : density.

matériel – equipment, hardware.

matrice – matrix.
matrice-colonne : column matrix.
matrice de diracs : sampling function.
matrice de diracs pondérés : bed of nails.
matrice hermitienne : Hermitian matrix.
matrice inverse : inverse matrix.
matrice-ligne : row matrix.

maximal, maximale – maximum.

maximum – crest, maximum, peak.

Maxipulse – Maxipulse *(tradename for a seismic-energy source).*

McCollum – McCollum *(tradename for a seismic-energy source).*

MDB (marque de début de bande) – BOT (beginning of tape) marker.

Meander – Meander *(tradename for crooked-line processing).*

mécanisme au foyer – focal mechanism.

médiane – median.

mélangé – mixed.

mémoire – memory, storage.
mémoire à accès direct : random-access memory (RAM).
mémoire à disque : disc memory, disc storage.
mémoire auxiliaire : auxiliary storage.
mémoire centrale : real memory.
mémoire fixe : read-only memory (ROM).
mémoire morte reprogrammable : PROM (programmable read-only memory).
mémoire réelle : real memory.
mémoire-tampon : buffer memory, scratch-pad memory.
mémoire virtuelle : virtual memory.
mémoire vive : random-access memory.

menu – menu.

mer (en) – offshore.

méridien-origine – standard meridian.

message d'erreur – error message.

mesure – measurement.
mesure électronique de distance : electronic distance measurement (EDM).
mesure en puits : downhole method.
mesure par fréquence d'échos : sing around.

mesures – data.

méthode – method, procedure.
méthode à point-milieu fixe : ESP, expanding-spread profile.
méthode de Cooley-Tukey : Cooley-Tukey method.
méthode de Gardner : Gardner method.
méthode de Hagedoorn : Hagedoorn method.
méthode de l'ordonnée à l'origine : intercept method.
méthode de Meissner : uphole method.
méthode de migration de Kirchhoff : Kirchhoff's method of migration.
méthode de puits : downhole method.
méthode de relèvement : three-point method.
méthode de Slotnick : Slotnick method.
méthode de surface : surface method.
méthode de Thornburgh : Thornburgh's method.
méthode de Wyrobek : Wyrobek method.
méthode des courbes en S : uphole method.
méthode des différences finies : finite-difference method.
méthode des éléments finis : finite-element method.
méthode des fronts d'onde : wavefront method.
méthode des plus-minus : plus-minus method.
méthode des stries : schlieren method.
méthode des traînées : moving-source method.
méthode du retour inverse : reciprocal method.
méthode itérative : iterative method.
méthode par approximations sucessives : trial-and-error method.
méthode par corrélation : correlation method.
méthode par intersection : three-point method.
méthode par translocation : translocation method.
méthode puits-à-puits : crosshole method, x-hole *(abbreviation of crosshole method)*.
méthode schlieren : schlieren method.
méthode Syslap : Syslap method *(tradename for a method of generating an S-wave record)*.
méthode transposée : translocation method.
méthode tripartite : tripartite method.

mettre à zéro – blank (to).
mettre en condition : soak (to).
mettre en forme : edit (to).

MFB (marque de fin de bande) – end-of-tape marker.

MIC (modulation par impulsion codée) – PCM (pulse-code modulation).

micro-explosion – microexplosion.
micro-ordinateur : microcomputer.

microcode – microcode.

microdispositif – microspread.

microfissure – microcrack.

microprocesseur – microprocessing unit (MPU), microprocessor.

microprogramme – microcode, microprogram.

microséisme – microseism.

Microseismogram – Microseismogram *(tradename for an acoustic well log).*

microsismique – microseism.

microtremblement de terre – microearthquake.

migration – imaging, migration.
migration de carte : map migration.
migration en domaine fréquentiel : frequency-domain migration.
migration f-k : f-k migration, frequency-domain migration.
migration hybride : hybrid migration.
migration par l'équation de propagation : wave-equation migration.
migration par méthode de Kirchhoff : diffraction stack.
migration partielle avant sommation : partial migration.
migration-profondeur : depth migration.
migration suivant les diffractions : diffraction stack.

migré, migrée – migrated.

mil – mil *(0.001 inch).*

mile terrestre – statute mile *(1609.31 m).*

mille marin, mille nautique – nautical mile *(1852 m).*

milliseconde – millisecond (ms).

Mini-Sosie – Mini-Sosie *(tradename for a seismic-reflection method).*

minimal, minimale – minimum.

minimum – minimum.

miniordinateur – minicomputer.

Miniranger – Miniranger *(trademark for an ultra-high-frequency radio-positioning system).*

mirage – mirage.

mire – range pole, rod, stadia, target.

mirette – target.

miroir – mirror, reflector.
miroir-repère : key bed.
miroir-source : exploding reflector.

mise – setting.
mise à feu : firing.
mise à jour : update.
mise à l'échelle : scaling.
mise à zéro : zero setting.
mise au point : development.
mise en exploitation : development.
mise en forme de l'impulsion : pulse shaping.
mise en forme de l'information : data reduction.
mise en forme du signal : pulse shaping.
mise en oeuvre : implementation.
mise en page : paging.
mise en place et repli : mob-demob.
mise en valeur : development, enhancement.

mission – party.

mixage – mixing, overlapping.
mixage brouillon : smear.
mixage de traces : trace integration.
mixage dégressif : taper mixing.
mixage-feston : skip mixing.
mixage horizontal : horizontal mixing.
mixage pondéré : taper mixing.
mixage-terrain : ground mix, horizontal mixing.

mixte – mixed.

mnémonique – mnemonic.

mnémotechnique – mnemonics.

mobile – moving.

mode – mode.
mode à amplification différentielle : common-mode rejection.
mode à perte : leaking mode.
mode commun (à) : common-mode.
mode conversationnel : dialogue mode, online mode.
mode d'asservissement au fond : bottom mode.
mode d'enregistrement analogique : analog tape format.
mode dialogué : conversational mode, dialogue mode, interactive.
mode interactif : dialogue mode, online mode.
mode opératoire : procedure.

modèle – model, template.
modèle cohérent en surface : surface-consistent model.
modèle convolutionnel : convolutional model.
modèle de Goupillaud : Goupillaud layering, Goupillaud medium.
modèle de Terre stratifiée : layered Earth.
modèle numérique : numerical model.

modélique – computer modeling, modeling, modeling theory.
modélique analogique : analog modeling.

modélisation – modeling.
modélisation analogique : analog modeling, scale modeling.
modélisation directe : direct modeling.
modélisation informatique : computer modeling.
modélisation physique : physical modeling, scale modeling.

modem (abreviation de MOdulateur DEModulateur) – modem.

modulation – modulation.
modulation d'amplitude : amplitude modulation (AM).
modulation de fréquence : frequency modulation (FM).
modulation en largeur d'impulsion : pulse-width modulation, ratio modulation.

module – amplitude, module, modulus.
module d'allongement : stretch modulus.
module d'élasticité : elastic modulus.
module d'incompressibilité : bulk modulus.
module de cisaillement : shear modulus.
module de compressibilité : incompressibility modulus.
module de glissement : shear modulus.
module de rigidité : rigidity modulus, shear modulus.
module de Young : Young's modulus *(elastic constant)*.

Moho – Moho *(Mohorovičić discontinuity)*.

moindre – least, less.

moniteur – monitor.
  moniteur de vibration : vibration monitor.

Mono-pulser – Mono-pulser *(tradename for a source for high-resolution seismic profiling)*.

monochromatique – monochromatic.

monoclinal – homocline, monocline.

mont sous-marin – seamount.

montage – assembly, setup.
  montage antironflement : humbucking.

montée en couverture – roll-in.

monticule de boue – mud mound.

monument – monument.

morts-terrains – overburden.

MOS – MOS (metal-oxide semiconductor).

mot de synchro – timing word.

moulage – draping.

moyen, moyenne – average.

moyenne – average, averaging, mean.
  moyenne arithmétique : mean.
  moyenne quadratique : RMS value.

moyens graphiques – display devices.

MTU (Mercator Transverse Universel) – UTM (Universal Transverse Mercator).

multicanal, multicanale – multichannel.

multiple – multiple.
  multiple à court trajet : short-path multiple.
  multiple en baïonnette : dogleg multiple, pegleg multiple.
  multiple en patte de chien : pegleg multiple.
  multiple en W : simple multiple.
  multiple interne : interbed multiple, pegleg multiple.
  multiple long : long-path multiple.
  multiple simple : simple multiple.

multiplexage – multiplexing.
  multiplexage à bas niveau : low-level multiplexing.

multiplexer – commutate (to), multiplex (to).

multiplicité – multiplicity.
  multiplicité (ordre de) : source-receiver product.

multipoint – multidrop *(link)*.

multiprogrammation – multiprogramming.

multitrace – multichannel.

multitraitement – multiprocessing.

mur (d'une couche) – sole.

mutage – muting.
  mutage chirurgical : surgical muting.
  mutage initial : initial blanking.

mutation – hade, mutation.

mute – mute.
  mute externe : tail mute.
  mute initial : initial blanking.

muter – fade (to), mute (to).

Myriaséis – Myriaseis *(tradename for a data-acquisition system)*.

n

N/A (numérique à analogique) – D/A (digital-to-analog).

nabla – del *(the vector-gradient operator)*, nabla.

nappe – nappe *(geol.)*, pattern *(array)*.
- **nappe de charriage** : thrust nappe.
- **nappe de chevauchement** : overthrust.
- **nappe de sismos** : patch.
- **nappe de tir** : multiple-shot pattern.
- **nappe phréatique** : water table.

naturel, naturelle – natural.

navette – shuttle.

navigation – navigation.
- **navigation aux satellites** : satnav.
- **navigation par Doppler** : Doppler navigation.
- **navigation par inertie** : inertial navigation.

Navstar – Navstar *(tradename for a global positioning system)*.

Navtrak – Navtrak *(tradename for an acoustic positioning system)*.

négatif, négative – negative.

néritique – neritic.

nitrogélatine – gelatin dynamite.

niveau – level.
- **niveau à bulle** : spirit level.
- **niveau de base des vagues** : wave base, wave depth.
- **niveau de bruit blanc** : white-noise level.
- **niveau de confiance** : confidence level.
- **niveau du sol** : ground level.
- **niveau eau-huile d'un gisement** : oil-water level.
- **niveau hydrostatique** : water table.
- **niveau-repère** : marker, marker bed.

nivelle – spirit level.

nivellement – leveling, spirit leveling.
nivellement direct : direct leveling.
nivellement indirect : heighting, indirect leveling.

noeud – knot, node, trough.
noeud de diffraction : diffraction knot.

nombre – number.
nombre d'onde : spatial frequency, wavenumber.
nombre d'onde apparent : apparent wavenumber.
nombre sans dimension : dimensionless number.

nomenclature des ondes – wave notation.

nomogramme – nomogram.

non – not.
non migré : unmigrated.
non mixée : straight.
non retour à zéro : NRZ (non-return to zero).
non tiré : not shot (NS).

normal, normale – normal, standard.

norme – specification, standard.
norme de polarité : polarity standard.

normé, normée – normalized.

notation polonaise inverse – reverse Polish notation (RPN).

noyau – kernel function.
noyau de Stefanesco : Stefanesco function.
noyau terrestre : Earth's core.

nuage de points – cluster.

numérateur (au) – upstairs.

numération binaire – binary numeration.

numérique – digital, numerical.

numériser – digitize (to), quantize (to).

numériseur – counter, digitizer.

numéro d'ordre – file number.

nycthéméral – diurnal.

O

objectif – objective, target.

oblique – oblique, slant.

obliquité – skewness, wave-slant path.

obturer (un trou de forage) – seal (to) (a hole).

océanique – oceanic.

océanographie – oceanography.

octal, octale – octal.

octave – octave.

octet – byte.

odographe – odograph.

offre – bid, tender.
  offre clé en main : turnkey bid.

ombre – shadow.
  ombre basse-fréquence : low-frequency shadow.
  ombre portée : geometric shadow.

onde – wave.
  onde acoustique : acoustic wave, sonic wave, sound wave.
  onde aérienne : air wave.
  onde conique : conical wave, head wave, Mintrop wave, refraction wave.
  onde convertie : converted wave, transformed wave.
  onde couplée : C-wave, coupled wave.
  onde d'arrivée directe dans l'eau : waterbreak.
  onde d'interface : boundary wave, interface wave.
  onde de boue : fluid wave.
  onde de câble : cablebreak.
  onde de choc : air wave, shock wave.

onde de ciel : sky wave.
onde de cisaillement : shear wave, tangential wave, transverse wave.
onde de compression : compressional wave.
onde de condensation : irrotational wave.
onde de conversion : converted wave.
onde de dilatation : dilatational wave.
onde de distorsion : distortional wave.
onde de fluide : fluid wave.
onde de Lamb : Lamb wave.
onde de Love : Love wave, LQ wave, surface SH-wave.
onde de pression : pressure wave.
onde de quasi-cisaillement : quasi-shear wave.
onde de quasi-compression : quasi-compressional wave.
onde de Rayleigh : R-wave, Rayleigh wave.
onde de Stoneley : Stoneley wave.
onde de surface : ground roll, L-wave, long wave, surface wave.
onde de tube : tube wave.
onde de Voigt : Voigt wave.
onde de volume : body wave.
onde descendante : downgoing wave, transmitted wave.
onde directe : direct wave.
onde élastique : elastic wave.
onde entretenue : continuous wave (CW).
onde évanescente : evanescent wave.
onde guidée : channel wave, guided wave.
onde lente : slow wave.
onde longitudinale : longitudinal wave.
onde mirage : diving wave.
onde montante : upgoing wave, upwave.
onde P : compressional wave, dilatational wave, P-wave, primary wave.
onde plane : plane wave.
onde porteuse : carrier.
onde préliminaire : preliminary wave.
onde primaire : primary wave.
onde progressive : progressive wave.
onde réfléchie composite : composite reflection.
onde réfractée : head wave, refraction wave.
onde régressive : regressive wave.
onde rotationnelle : rotational wave.
onde S : distortional wave, equivoluminal wave, rotational wave, S-wave, secondary wave.
onde secondaire : secondary wave.
onde secondaire horizontale : SH-wave.
onde SH : SH-wave.
onde sonore : sonic wave, sound wave.

onde sphérique : spherical wave.
onde stationnaire : standing wave, stationary wave.
onde SV : SV-wave.
onde T : T-wave.
onde transmise : transmitted wave.
onde transversale : S-wave, transverse wave.

ondelette – wavelet.
ondelette d'autocorrélation : autocorrelation pulse.
ondelette de Ricker : Ricker wavelet.
ondelette de vitesse : velocity wavelet.
ondelette équivalente : embedded wavelet.

opérande – operand.

opérateur – observer, operator.
opérateur à fenêtres : gapped operator.
opérateur à trois termes : three-point operator.

opération – operation.

Opseis – Opseis *(tradename for a data-acquisition system).*

optimal, optimale – optimum.

optimum – optimum.

optique – optic, optical.

ordinateur – computer, digital computer.

ordonnée à l'origine – intercept.

ordre – fold, order, rank.
ordre de couverture : CDP fold, multiplicity.
ordre de grandeur : order of magnitude.
ordre de multiplicité : effort.
ordre six (d') : sixfold.

organigramme – flowchart, program flowchart.

organisation des réflexions – reflection configuration.

orientation – attitude, bearing, direction, trend.

orin – pennant line, tether.

orogénique – orogenic.

orthogonal – orthogonal, rectilinear.

oscillant, oscillante – ringy, singy.

oscillation – oscillation.
oscillation amortie : damped oscillation.

oscillation libre : free oscillation.
oscillation propre : free oscillation.

oscillographe – oscillograph.

OU exclusif (OUX) – exclusive OR.

outil – tool.
outil à molettes : roller bit.
outil bilame : fishtail bit.
outil de forage : drill bit, drilling bit.

ouvert, ouverte – open.

ouverture – aperture.
ouverture du lobe : beamwidth.
ouverture synthétique : synthetic aperture.

p

P-shooter – P-shooter *(tradename for a seismic-energy source by accelerated weight drop).*

pagination – paging.

paléocoupe – paleosection, restored section.

palpeurs – feelers, fingers.

panache de bulles de gaz – vented-gas column.

panneau – panel.

pantographe – pantograph.

parallaxe – parallax, relief displacement.

parallèle – parallel.
  parallèle (en) : staggered.
  parallèle d'échelle conservée : standard parallel.

paramètre – argument, parameter.
  paramètre de rayon : raypath parameter.
  paramètre de traitement : processing parameter.
  paramètre du rayon : ray parameter.

parasismique (protection) – aseismic.

parasite – glitch.

paravane – paravane.

parité – parity.

paroi latérale – sidewall.

parrain – sponsor.

partie – part.
  partie imaginaire : imaginary *(math.).*

partie imaginaire du spectre : quadrature spectrum.
partie impaire d'une transformée (de Fourier) : sine transform.
partie paire d'une transformée (de Fourier) : cosine transform.

pas – step.
pas d'avancement : shot interval.
pas d'échantillonnage : sample interval, sampling interval.
pas de progression : increment.
pas de tir : shooting interval, shot interval, shot spacing.

pascal – pascal.

passage – pass, transit *(of a celestial body across a meridian)*, transit *(of a satellite)*.
passage à zéro : zero crossing.
passage de satellite : satellite pass.
passage du temps à la profondeur : time-to-depth conversion.

passe-bande – band-pass, passband.

passif, passive – passive.

patin – pad, sidewall pad, skid.

patte – leg.
patte de chien (en) : dogleg.

pause – breakpoint.

pavé – bin.

pédalage – reverberation, ringing, singing.

pédalant, pédalante – leggy, singy.

peigne – comb, replicating function, shah.
peigne de diracs : Dirac comb, sampling function.

pélagique – pelagic.

pélite – shale.

pendage – dip.
pendage apparent : apparent dip.
pendage critique : critical dip.
pendage latéral : cross-dip.
pendage par tir en croix : four-way dip.
pendage réel : three-dimensional dip.
pendage vrai : three-dimensional dip, true dip.

pendagemètre – dipmeter.
pendagemètre à fort pouvoir séparateur : high-resolution dipmeter.
pendagemètre à haute résolvance : high-resolution dipmeter.

pendagemétrie – dip logging.

pénétration – depth of investigation, depth of penetration, penetration.

pente – slope.
pente continentale : continental slope.
pente d'un filtre : filter slope.
pente de coupure : roll-off slope.

pentu, pentue – dipping, sloping.

pépin – glitch.

percée – breakthrough, sight.

perforateur de tubage – perforating gun.

perforatrice – key punch.

perforé, perforée – punch.

pergélisol – permafrost.

période – cycle breadth, period.
période d'équilibre statique : stillstand.

périphérique – peripheral device.

permagel – permafrost.

permanent, permanente – steady.

perméabilité – permeability.

permis (d'exploration) – permit.

permittage – permitting.

permitteur – permit man.

perpendiculaire – orthogonal, perpendicular.
perpendiculaire au profil sismique : crosstrack.

perte – loss.
perte accidentelle d'information : dropout.
perte d'insertion : insertion loss.

pesanteur – gravity.

pesée – weighing.

pétardier – doodlebugger *(colloquial)*.

petit chelem – little slam.

petite réfraction – LVL shots, weathering shooting.

pétrofabrique – packing.

pétrole – oil, petroleum.
pétrole brut : crude oil.

pétrolier – oilman.

pétrolifère – oil-bearing.

peu profond, peu profonde – shallow.

phase – phase.
phase d'Airy : Airy phase.
phase finale : coda.
phase instantanée : instantaneous phase.
phase maximale (à) : maximum phase.
phase minimale (à) : front-loaded, minimum phase.
phase nulle (à) : zero-phase.
phase T : T-phase.

phasemètre – phase meter.

photoclinomètre – photoclinometer.

photostyle – light pen.

physiquement réalisable – causal, physically possible.

pic – peak.

Pie slice – Pie slice *(tradename for a fan-filter or velocity-filter process).*

pied d'oeuvre (à) – onsite.

piège – trap.
piège anticlinal : anticlinal trap.
piège de perméabilité : permeability trap.
piège en coin : trap-door structure.
piège par faille : fault trap.
piège par percement : piercement trap.
piège par pincement : pinch-out trap, wedge-out trap.
piège prospectif : prospect.
piège sous discordance : pinch-out trap, unconformity trap.
piège stratigraphique : stratigraphic trap.
piège structural : structural trap.

piézoélectrique – piezoelectric.

pilotage – piloting.

pincement – pinching, wedge-out.

pincer le signal – spike (to).

piquet – flag, stake.
piquet de trace, piquet-trace : geophone station.

piqueter – stake (to).
piqueter un profil : mark (to) off a line.

piste – track, tracking.

pistolet – french curve, spline.

piston – piston, shuttle.

pivoter – slew (to), swivel (to).

pixel – pixel.

plage – area, range.
plage d'atténuation : reject region.
plage glissante : running window.

plaine – plain.
plaine abyssale : abyssal plain.

plan – map, plane.
plan de couverture : stacking-chart, surface stacking chart.
plan de faille : fault plane.
plan de position : location map.
plan de position final : postplot.
plan de position précalculé : preplot.
plan de référence : datum plane, reference plane.
plan de référence variable : floating datum.
plan z : z-plane.

planche – board, plate.
planche à clous : arrow plot, bed of nails, stick plot.
planche de filtrage : filter panel.
planche des filtrages adjacents : frequency panel.

planchette – plane table.

plantation – plant.

planteur – jug planter.
planteur de géophones : geophone planter.

planteuse – planter.

plasticité – plasticity.

plate-forme – platform.
plate-forme auto-élévatrice : jack-up (rig).
plate-forme continentale : continental shelf.

plateau continental – continental shelf.

pleurage – flutter, wow.

pli – fold *(geol.)*, similar fold.
pli chapé : drape fold.
pli coffré : box fold.
pli concentrique : concentric fold.
pli conjugué : conjugate fold.
pli couché : recumbent fold.
pli cylindrique : cylindrical fold.
pli de fluage : flow fold.
pli déjeté : inclined fold.
pli déversé : overfold, overturned fold.
pli diapir : diapiric fold.
pli droit : upright fold.
pli en chevron : chevron fold, kink fold.
pli en éventail : fan fold.
pli en genou : knee fold.
pli en relais : en échelon fold.
pli-faille : fault fold.
pli ptygmatique : ptygmatic fold.
pli renversé : overturned fold.
pli semblable : similar fold.

plissement – folding.
plissement embryonnaire : incipient folding.
plissement synsédimentaire : penecontemporaneous folding.

plombée – plumbing.

plongeant, plongeante – dipping.

plongement – plunge.

poids – weight.

point – dot, point.
point à l'estime : dead reckoning.
point aberrant : outlying point.
point bas : valley *(of a seismic trace)*.
point brillant : bright spot *(brite spot)*.
point d'accès : station.
point d'émission : shotpoint (SP).
point de brisure : crossover.
point de chute : drop point.
point de convergence : sink.
point de fuite : spill point.
point de tir (PT) : shooting station, shotpoint (SP).
point de vibration (PV) : shotpoint (SP).
point diffractant : scatterer.

point diffringent : scatterer.
point gamma : vernal point.
point-image : image point.
point isolé : outlying point.
point-milieu : midpoint.
point-milieu commun : common midpoint (CMP).
point-miroir : depth point, reflecting point.
point-miroir commun : common-reflection point, CRP, CDP, common-depth point.
point par visée : fix.
point plat : flat point.
point singulier : singularity.
point sombre : dim spot.
point terne : dim spot.
point vernal : vernal point.
point vibré (PV) : vibrated point (VP).
points de référence : fiducials.

pointé – pick.

pointer – pick (to).

poisson – bird, fish.

polarisation – polarization.
polarisation plane : plane polarization.
polarisation provoquée : induced polarization.

polarité – polarity.
polarité apparente : apparent polarity.
polarité d'une réflexion : polarity.
polarité de la réflexion : reflection polarity.
polarité inverse : reversed polarity.
polarité normale : standard polarity.
polarité opposée : reversed polarity.

pôle – pole, singularity *(function)*.
pôle Nord magnétique : north-seeking pole.
pôle Sud magnétique : south-seeking pole.

polygonale – traverse.

pompage – hunting *(servo-system)*.

pondération linéaire – ramping.

pondéré, pondérée – tapered, weighted.

pop – pop.

population – universe.

porosité – porosity.
porosité effective : effective porosity.
porosité primaire : primary porosity.
porosité réelle : effective porosity.
porosité secondaire : secondary porosity.

porte – gate.
porte ET : AND gate.
porte NON ET : NAND gate.
porte NOU : NOR gate.
porte OU : OR gate.
porte OU exclusif : except gate.
porte OU inclusif : inclusive OR gate.

porte-mire – rodman.

portée – range, span, stretch.
portée minimale : skip distance.
portée oblique : slant range.

porteuse – carrier.

portion de profil non tirée – dropped coverage.

position d'un élément dans un dispositif – subpoint.

positionnement – positioning.
positionnement acoustique : acoustic positioning.
positionnement distance-distance : rho-rho determination.
positionnement dynamique : dynamic postioning.
positionnement rhô-rhô : rho-rho determination.
positionnement rhô-théta : rho-theta determination.

poste – shift, station, tour.
poste de travail : work station.

potar – pot *(colloq. for potentiometer).*

potéclinomètre – poteclinometer.

potentiel retardé – retarded potentiel.

pouces par seconde – inches per second.

poursuite – track, tracking.

pouvoir – power.
pouvoir de dispersion : dispersive power.
pouvoir de séparation : resolution.
pouvoir dispersif : dispersive power.
pouvoir séparateur : resolution, resolvable limit.
pouvoir séparateur (à haut) : high resolution (HR).

pouvoir séparateur amélioré : extended resolution.
pouvoir séparateur latéral : lateral resolution.

préamplificateur – preamplifier.

préblanchiment – prewhitening.

précision – accuracy, precision *(agreement among repeated measurements of the same quantity).*
précision relative : significance.

précurseur – precursor.

prédiction – prediction.
prédiction arrière : backward prediction.

préfiltrage – prefiltering.

préliminaire – preliminary.

premier, première – first.
premier multiple : simple multiple.
premières arrivées : first arrivals.

prémonitoire – foreshock.

prendre à ferme – farm in (to).

prépondérant, prépondérante – dominant.

présélection du gain – preset gain control.

présence de pétrole – oil occurrence.

présenter des informations sur un écran – visualize (to).

présommation – prestack.

pression – pressure.
pression anormale : abnormal pressure, abnormally high pressure.
pression de confinement : confining pressure.
pression différentielle : differential pressure.
pression géostatique : geostatic pressure *(syn. lithostatic pressure),* lithostatic pressure.
pression hydrostatique : hydrostatic pressure.
pression lithostatique : lithostatic pressure.

présuppression – initial suppression, presuppression, suppression.

prétirage – preprint.

prétraitement – preprocessing.

prévision sismique – earthquake prediction.

Primacord – Primacord *(tradename for a detonating cord).*

primaire – booster, primary.

principal, principale – main, principal.

principe – principle.
principe de Fermat : Fermat principle.
principe de Huygens : Huygens' principle.
principe de réciprocité : reciprocity principle.
principe de superposition : principle of superposition.
principe du retour inverse : principle of reciprocity, reciprocity principle.

priorité – priority, privilege.

prise – connector, plug, takeout.
prise de connexion : port.
prise de terre : ground.

prisme d'accrétion – accretional prism.

privilège – privilege.

probabilité complémentaire – significance level.

problème – problem.
problème aux limites : boundary-value problem.
problème de Lamb : Lamb's problem.
problème direct : direct problem, normal problem.
problème inverse : inverse problem.

procédé – process.

processeur – processor.
processeur matriciel : array processor (AP).
processeur vectoriel : vector processor.

processus – procedure, process.
processus autorégressif : autoregressive process.
processus réversible : reversible process.

proche – close, near.

prodelta – prodelta.

production – output, production.

produit – product.
produit scalaire : dot product, inner product.
produit vectoriel : crossproduct, outer product.
produits chimiques : chemicals.

profil – line, profile.
profil de niveau : strike line.
profil de pente : dip line.
profil de puits : vertical profile.
profil de raccordement : tie-line.
profil perpendiculaire à la direction des couches : dip line.
profil-réfraction : refraction shooting.
profil sinueux : crooked line.
profil sismique oblique (PSO) : offset vertical seismic profile.
profil sismique vertical (PSV) : vertical seismic profile (VSP).
profil vertical : vertical profile.

profilage – fairing, profiling.
profilage continu : continuous profiling.
profilage sismique continu : continuous seismic profiling (CSP).

profileur – profiler.
profileur sous-marin : subbottom profiler.

profond, profonde – deep.

profondeur – depth.
profondeur au foyer : depth of focus.
profondeur d'enfouissement : depth of burial, shot depth.
profondeur de pénétration : depth of penetration.
profondeur de tir : shot depth.
profondeur finale : TD (total depth).
profondeur focale : focal depth.

progiciel – package.

progradation – prograding.

programmathèque – program library.

programme – program.
programme-amorce : bootstrap program.
programme d'édition : editor.
programme d'impression : editor.
programme de simulation : emulator.
programme-objet : object program.
programme précâblé : firmware.
programme résident : resident program.
programme-source : source program.
programme utilitaire : utility routine.

programmé, programmée – programmed.

programmeur – programmer.

projection – projection.
projection azimutale : azimuthal projection.

projection cartographique : map projection.
projection conforme : conformal projection.
projection de Mercator : Mercator projection.
projection équivalente : equivalent projection.
projection gnomonique : gnomonic projection.
projection horizontale d'un rayon : offset.
projection Mercator transverse : transverse Mercator projection.
projection polyconique : polyconic projection.
projection sécante : secant projection.
projection stéréographique polaire : UPS (universal polar stereographic projection).
projection tangente : tangent projection.
projection transverse : transverse projection.

projeter – shoot (to) on paper.

prolongement – continuation, prolongation.
prolongement de la base : baseline extension.
prolongement vers le bas : downward continuation.

propagation – propagation.
propagation conforme : piggyback sequence.
propagation contraire : overstep sequence.
propagation en mode normal : normal-mode propagation.

pros – doodlebugger.

prospecter – prospect (to), survey (to).

prospection – prospecting, survey.
prospection en eau peu profonde : shallow-water survey.
prospection géophysique : applied geophysics, exploration geophysics, geophysical exploration.
prospection pétrolière : oil prospecting.
prospection sismique : exploration seismology, prospecting seismology, seismic exploration, seismic prospecting.

protection de fichier d'enregistrement – file protect.

protocole – protocol.
protocole asynchrone : asynchronous protocol.

provoquer – cause (to).
provoquer un tir : shoot (to).
provoquer une émission acoustique : shoot (to).

pseudo – pseudo.
pseudo-anisotropie : pseudoanisotropy.
pseudo-anticlinal : residual anticline.
pseudo-diagraphie : pseudolog.
pseudo-onde de Rayleigh : pseudo Rayleigh wave.

psi – psi *(abbreviation of pounds per square inch, 1 Pa = 0.6 psi ; 1 psi = 6.9 Pa).*

PSO (profil sismique oblique) – offset vertical seismic profile (offset VSP).

PSP (profil sismique de puits) – VSP (vertical seismic profile).

PSV (profil sismique vertical) – VSP (vertical seismic profile), zero-offset.
PSV réduit (à l'horizontale) : reduced vertical profile.

PT (point de tir) – SP (shot point).

puce – chip.

puissance – power.
puissance (électrique) : power supply.
puissance de crête : peak force.
puissance de pointe : peak force.
puissance nominale : rated capacity.

puits – borehole, well.
puits confidentiel : tight hole.
puits d'évaluation : appraisal well.
puits d'exploration : exploration well.
puits de développement : infill well.
puits de reconnaissance : wildcat.

pulsation – angular frequency.

pulse – pulse.

pulsotest – pulse test.

pupitre – console, panel.
pupitre de commande : control panel.

pur, pure – straight.

PV (point vibré) – VP (vibrated point).

q

quadrant – quadrant.

quadratique moyen – root mean square (RMS).

quadrature – quadrature.
quadrature (en) : out-of-phase.

quadrillage – grid.

qualité – quality.
qualité de l'ajustement : goodness of fit.

quantième – Julian day.

quantifier – quantify (to), quantize (to).

quantité – quantity.

quaternaire – quaternary.

queue – coda, tail, tail end.
queue de distorsion : distortion tail.

queutage – tailing.

quinconce (en) – five-spot pattern, staggered.

r

raccord exponentiel – exponential ramp.

raccorder (linéairement) – ramp (to).

racine – root.

radar – radar.
radar à effet Doppler : Doppler radar.
radar classique : primary radar.

radial, radiale – radial.

radian – radian.

radier – raft, sole.

radio – radio.

radiolocalisation – radio positioning.

radiopositionnement – radio positioning.

RAH (récupération assistée des hydrocarbures) – EOR (enhanced oil recovery).

rai – ray.

raide – dead *(trace)*.

raidir – fade (to), kill (to), mute (to).

rallonge – extension cord, jumper, patch, spacer section *(streamer)*.

ramasser – pick up (to).

rampe – ramp.
rampe (à) : tapered.
rampe frontale : frontal ramp.
rampe latérale : lateral ramp.

rangée de townships – range.

RAP (récupération assistée du pétrole) – EOR (enhanced oil recovery).

RAP (reflection amplitude preservation) – RAP (reflection amplitude preservation) *(tradename for a composed-amplitude processing system).*

rapport – ratio, report.
rapport avant-arrière : front-to-back ratio.
rapport d'anamorphose : aspect ratio.
rapport de composition : mixing ratio.
rapport de forage : shothole log.
rapport primaire-bulle : primary-to-bubble ratio.
rapport signal sur bruit : signal-to-noise ratio.

raréfaction – rarefaction.

rassembler (des traces) – gather (to).

raté de tir – misfire.

rattachement – tie-in.

Raydist – Raydist *(tradename for a medium-range radio-positioning system).*

rayon – ray, raypath.
rayon autocollimé : autocollimated ray, image ray.
rayon courbe : curved path.
rayon en autocollimation : autocollimated ray, image ray.
rayon incident : incident raypath.
rayon réfléchi : reflected raypath.
rayon réfracté : refracted raypath.

réactance – reactance.

réalisation d'un profil – profiling.

rebond – rebound.

récepteur – receiver.

recette – acceptance test.

recherche d'information – scouting.
recherche de directivité : beam steering.
recherche des stations : tuning.

récif – reef.
récif externe : forereef.
récif interne : back reef.

réciproque – interlocking *(trace)*, reciprocal.

reconnaissance – reconnaissance, scouting.
reconnaissance de formes : pattern recognition.

recontrastage – stretching.

recoupement – resection.

recouvrement – cap rock, overlap, overlapping, overlay.
recouvrement de base sur discordance : baselap.
recouvrement en avancée : onlap.
recouvrement en retrait : offlap.

rectifier – rectify (to).

rectiligne – rectilinear.

récupérable – recoverable.

récupération – recovery.
récupération assistée des hydrocarbures (RAH) : enhanced oil recovery (EOR).
récupération assistée du pétrole (RAP) : enhanced oil recovery (EOR).
récupération d'amplitude : amplitude recovery.
récupération secondaire : secondary oil recovery.
récupération tertiaire : tertiary oil recovery.

récupérer – recover (to).

récurrent, récurrente – recursive.

rédiger – compile (to), edit (to), write (to).

redondance – redundancy.

redresser – rectify (to).

redresseur – converter, rectifier.
redresseur à double alternance : full-wave rectifier.

réduction – reduction.
réduction à la référence : datuming.
réduction à une référence : smoothing.

réduire à l'anomalie résiduelle – residualize (to).

réduit, réduite – reduced.

rééchantillonner – resample (to).

réel, réelle – real.

référence – datum, pilot, reference, yardstick.

réfléchi, réfléchie – reflected.

réflecteur – mirror, reflector.

réflectivité – reflectivity.

reflet – alias.

reflets principaux – principal alias.

réflexion – reflection.
réflexion à l'angle limite : critical reflection.
réflexion diffractée : diffracted reflection.
réflexion grand angle : wide-angle reflection.
réflexion limite : critical reflection.
réflexion méplate : flat spot.
réflexion multiple : secondary reflection.
réflexion primaire : primary reflection.
réflexion réelle : primary reflection.
réflexion simulant le fond de la mer : bottom-simulation reflection (BSR).
réflexion totale : total reflection.

reformatage – reformatting.

réfraction – refraction.
réfraction réfléchie : reflected refraction.

régime permanent – steady state.

registre – register.
registre à décalage : shift register.

réglage fin de tonalité – pitch control.

règle – rule.
règle de Cramer : Cramer's rule.
règle de Gardner : Gardner's rule.
règles de déroulement : procedure.
règles de service : procedure.

régression – regression.
régression multiple : multiple regression.

regroupement – collection *(see also gather)*, point sort.
regroupement en géophone commun : common-geophone gather.
regroupement en point-milieu commun : common-midpoint gather.
regroupement en point-miroir commun : common-depth-point gather.

regroupement de même déport : common-offset gather, common-range gather.
regroupement de traces : gather, trace gather.

regrouper – gather (to).

régulateur – controller.
régulateur d'immersion : bird, depth controller.
régulateur de sortie d'air : waveshape kit.

réinterprétation – reinterpretation.

rejet – discharge, displacement, downthrow, reject, separation, upthrow.
rejet de faille : thrust fault.
rejet vertical : throw.

rejeu – playback, reworking.
rejeu composite : superimposed mode.
rejeu de controle : monitor record.
rejeu en faible gain : low-amplitude display.

rejouer – replay (to), restore (to).

relâchement des contraintes – strain release.

relais – primer, relay.

relecture immédiate – read-after-write.

relevé – plot, record, survey.

relèvement – bearing, resection.

relief conforme – conformable relief.

réluctance – reluctance.

remblaiement fluviatile – flood-plain deposit.

remise à zero – zero reset.

remorquage – towage.

remplissage – filling.
remplissage divergent : uplap.
remplissage turbiditique : onlapping fill.

rendement – efficiency, output, yield.
rendement sismique : seismic efficiency.

rendre visible – visualize (to).

renforcer – reinforce (to), ruggedize (to), strengthen (to).

renifleur – sniffer.

réparer – repair (to).

repère – mark, monument, reference.
  repère de nivellement : benchmark *(topog.)*.
  repère témoin : witness marker.

repères – fiducials.

répétabilité – repeatability.

replat – flat.

repliement – aliasing, folding, wraparound.
  repliement spatial du spectre : spatial aliasing.

réplique – aftershock.

répondeur – transponder.
  répondeur de fond : pinger.

réponse – response.
  réponse de phase : phase response.
  réponse en fréquence : frequency response.
  réponse impulsionnelle : impulse response, memory function.
  réponse transitoire : transient response.

report – carryover, posting, transfer.
  report graphique : plot.

représentation – display.
  représentation à bâtonnets : stickogram.
  représentation continue de la phase : unwrapping.
  représentation continue de la phase modulo 2 pi : wrapping.
  représentation couleur : color display.
  représentation galva : variable-amplitude display.
  représentation galvanométrique : squiggle display, wiggle display.
  représentation graphique : imaging.
  représentation tau-p : tau-p mapping.
  représentation vectorielle : vector graphics.

reptation – creep, silent earthquake.

réseau – grid, network.
  réseau de dégrossissage : secondary pattern.
  réseau de détection sismique : phase-array station.
  réseau en échelle : ladder network.

réserver – allocate (to), reserve (to).

réservoir – reservoir.

résidu – residual *(n.)*.

résiduel, résiduelle – residual *(adj.)*.

résiduelle – residual *(n.)*.

résistance – resistance, resistor, strength.
résistance de prise de terre : stake resistance.

résolution – resolution, solution.
résolution en pendage : dip resolution.

résolvance – resolution, resolvable limit.

résonance – resonance, ringing.

résonnant, résonnante – resonant, ringy, singy.

résoudre – resolve (to), solve (to).

ressemblance – resemblance, similarity.

restaurer – restore (to).

restituer – plot (to), restore (to).

restitution – display, playback, plot.
restitution d'amplitude : amplitude recovery.
restitution des amplitudes réelles : TAR (true-amplitude recovery).
restitution en amplitude préservée : TAR (true-amplitude recovery).

résultats – findings, output, results.

rétablissement élastique – creep recovery.

retard – delay, lag, retarded time, time delay, time lag.
retard à la trace-terrain : group delay.
retard d'arrivée P : P-wave delay.
retard de détection : rise-time error.
retard de phase : phase lag.
retard maximal : maximum delay.
retard minimal : minimum delay.
retard mixte : mixed delay.
retard S sur P : S-P interval.

retardé, retardée – delayed, retarded.

retour – return.
retour à zéro (RAZ) : RZ (return to zero).
retour inverse (en) : interlocking.

rétroaction – feedback.
rétroaction négative : negative feedback.
rétroaction positive : positive feedback.

rétrochevauchement – backthrust.
rétrochevauchement en coin soulevé : pop-up backthrust.

rétrocorrélation – retrocorrelation.

rétrocorrélogramme – retrocorrelogram.

rétrodiffusion – backscattering.

rétrograde – retrograde.

réunion – conference, meeting.

révélateur – developer.

réverbération – reverberation, ringing.
réverbération dans l'eau : singing.
réverbération en volume : volume reverberation, water track.

réviser – review (to), revise (to).

revoir – check (to), review (to).

rhéologie – rheology.

rift (graben d'extension régional) – rift.

rigidité – rigidness, stiffness.

risque sismique – earthquake risk.

robuste – robust, rugged, stout.

roche – rock.
roche argileuse : clay, shale.
roche-couverture : cap rock, sealing formation.
roche-magasin : reservoir rock.
roche-mère : source rock.
roche-réservoir : reservoir rock.
roche sédimentaire : sedimentary rock, soft rock.
roche tendre : soft rock.

rocher – bedrock.

ronflement – hum.

ronflette – hum.

ronronnement (tourne-disques) – rumble.

rotatif, rotative – rotary.

rotation du personnel – turnover.

rotationnel – curl, rotational.

roue phonique – timing wheel.

rouleau – roller.
rouleau-guide : roller guide.

roulement de sol – ground roll.

roulis – roll.

RPS – RPS *(tradename for a positioning system).*

ruban – ribbon, tape.
ruban de balisage : flagging.

rugosité – roughness, rugosity.

rugueux – rough, rugged.

rupture – shot break, time break (TB).

S

sable – sand.

SAILE – SAILE *(acronym for an impedance log).*

saillant anticlinal – nose.

sans dimension – dimensionless.

saphe – saphe *(the cepstrum-domain equivalent of phase in the frequency domain).*

saturation – saturation.
saturation en eau : water saturation.
saturation en hydrocarbures : hydrocarbon saturation.

saut – jump.
saut de phase : cycle skip, phase jump, skip.

saute-mouton – leapfrog.

sauter – jump (to) *(a leg).*

sautillement d'image – jitter.

sauvage – wild.

sauvegarde – backup.

sauvegarder – back up (to).

scalaire – scalar.

scalant, scalante – scaling.

scellement – sealing.

schéma – flowchart.
schéma synoptique : block diagram.

schiste – schist, shale.
schiste bitumineux : oil shale.

schnorkel – snorkel.

scintillement – flutter.

sebkra, sebkha – sabkha, sebkha.

sec et abandonné – D & A (dry and abandoned) *(well)*.

second, seconde – second.

secondaire – secondary.

secours (de) – backup.

secousse (faible) – microearthquake.

secret, secrète – secret, tight.

section – cross-section, section, slice.
section à temps constant : time-slice map.

sédiment – deposit, sediment.
sédiment carbonaté : carbonate deposit.
sédiment clastique : clastic deposit.
sédiment deltaïque : deltaic deposit.
sédiment estuarien : estuarian deposit.
sédiment fluviatile : fluvial deposit.
sédiment glaciaire : glacial deposit.
sédiment lacustre : lacustrine deposit.
sédiment lagunaire : lagoonal deposit.
sédiment marin : marine deposit.

sédimentaire – sedimentary.

sédimentologie – sedimentology.
sédimentologie sismique : seismic stratigraphy.

Seiscrop – Seiscrop *(tradename for a time-slice map)*.

Seislog – Seislog *(tradename for a seismic log)*.

séisme – earthquake.
séisme intermédiaire : intermediate earthquake *(60-300 km)*.
séisme profond : deep earthquake *(> 300 km)*.
séisme superficiel : shallow earthquake *(0-60 km)*.

séismologie – seismology.

Seisviewer – Seisviewer *(tradename for a borehole televiewer)*.

sel – salt.
sel gemme : rock salt.

sémaphore – flag, semaphore.

semblance – semblance.

semelle – sole.

semi – half, semi.
semi-conducteur : semiconductor.
semi-conducteurs (à) : solid state.
semi-duplex : half-duplex.
semi-espace : half-space.
semi-fini, semi-finie : semifinite.
semi-infini, semi-infinie : semiinfinite.

sénestre – sinistral.

sens – direction.

sensibilité – sensitivity, transduction factor.

séparateur – delimiter, separator.

séparation – disjunction, separation.

séquence – sequence.
séquence de traces : trace sequential.
séquence divergente : divergent reflections.

série – series.
série autorégressive : autoregressive series.
série chevauchante : hanging wall, overlapping series.
série chevauchée : footwall, overlapped series.
série de Fourier : Fourier series.
série temporelle : time series.

servitudes – housekeeping *(administrative, accounting or overhead operations for a computer)*, red-tape operations.

seuil – threshold.
seuil de détection : readability.
seuil de distorsion : distortion point.

Shadcon – Shadcon *(tradename for a color display of seismic attributes)*.

Shoran – Shoran (short-range navigation) *(acronym of a positioning system)*.
Shoran à longue portée : extended-range Shoran.

Shover – Shover *(tradename for a horizontal vibrator used for generating S-waves)*.

signal – pulse, signal, wavelet.
signal à balayage de fréquence : chirp.
signal analytique : analytic signal.

signal carré : square wave.
signal d'interruption : interrupt.
signal de référence : pilot signal.
signal horaire : time signal.
signal impulsionnel : impulse.
signal-pilote : pilot signal.

signature – signature.

silt – silt.

similitude – similarity.

Simplan – Simplan (simulated plane waves) *(tradename for a processing method).*

simple – simple, single.

simulateur – emulator.

simulation – simulation.
simulation d'onde plane : plane-wave simulation.
simulation de dispositif : array forming.

simuler – emulate (to), simulate (to).

sinus cardinal – diffraction function.
sinus cardinal de x : sinc x.
sinus verse : versine.

sinusoïde – sinusoid.

sismicien – seismologist.

sismicité – seismicity.

sismique – seismic *(a. and n. Seismic is quite often used as a noun instead of seismic method, seismic survey or seismic shooting)*, seismic method, seismic survey ; seismics *(can be found, but is generally used in translation from French or German, but does not seem to be gaining official recognition).*
sismique 3-dimensions (3D) : three-dimensional (3D) seismic method.
sismique 3D (dimensions) : three-dimensional (3D) shooting.
sismique à haute resolution : high-resolution method.
sismique au voisinage du puits (SVP) : well-vicinity profiling (WVP).
sismique dans les veines : in-seam seismic survey.
sismique de gisement : development survey.
sismique de marais : swamp shooting.
sismique de puits : borehole survey, well survey.
sismique en couche : in-seam seismic survey.
sismique en eau peu profonde : shallow-water shooting.

sismique marine : marine seismic survey, marine work, offshore shooting.
sismique marine monotrace : continuous seismic profiling (CSP).
sismique passive : passive method, passive seismic.
sismique-réflexion : reflection shooting, seismic-reflection method.
sismique-réfraction : refraction shooting, seismic-refraction method.
sismique terrestre : land shooting, land work.

sismo – bug, jug, phone, seis.
sismo à montage antironflette : reverse-wound geophone.
sismo de gueule de trou : shotpoint seismometer (SPS).
sismo de référence : reference seismometer.
sismo de temps vertical : shotpoint seismometer (SPS), uphole geophone.
sismo de trou : shotpoint seis.
sismo gueule-de-trou : uphole geophone.

sismofaciès – seismic facies.

sismogramme – seismogram.
sismogramme synthétique : synthetic seismogram, theogram, theoretical seismogram.

sismographe – geophone, seismograph.
sismographe de déformation : strain seismometer.

sismologie – seismology.

sismologue – interpreter, seismologist.

sismomètre – seismometer.

sismoscope – seismoscope.

sismosédimentologie – seismic stratigraphy.

sismosondage – uphole shooting, uphole survey, well shooting, well velocity survey.

sismotectonique – seismotectonic.

Slalom – Slalom *(tradename for crooked-line processing).*

Sleeve exploder – Sleeve exploder *(tradename for an offshore seismic-energy source).*

socle – basement.
socle acoustique : acoustic basement, seismic basement.
socle économique : economic basement.
socle sismique : acoustic basement, seismic basement.

sol – ground.

soleil – sun shot.
soleil (faire un) : shoot (to) the sun.

solide – rugged, solid.
solide de Poisson : Poisson solid.
solide de Voigt : Voigt solid.

sollicitation – stress.

solution du problème direct – forward solution.

sommateur – stacker.

sommation – stack, stacking.
sommation en point-milieu commun : horizontal mixing, horizontal stacking.
sommation des mantisses : mantissa stack.
sommation discriminatoire : diversity stack.
sommation oblique : beam steering.
sommation oblique (faire une) : steer (to).
sommation statistique : statistical stacking.

sommations obliques (faire des) – Rieberize (to).

somme – stack.
somme en point-milieu commun : common-midpoint stack.
somme en point-miroir commun : common-depth-point stack (CDPS).
somme de traces de même déport : common-offset stack.

son – sound.

sonal – barker word.

sonar – sonar.
sonar Doppler : Doppler sonar.
sonar latéral : side-looking sonar, side-scan sonar.

sondage – borehole, depth probe, drilling, probing, sounding.
sondage d'exploration : wildcat.
sondage de sédiments : mud probing.
sondage-réfraction : refraction test.
sondage sismique continu : continuous seismic profiling (CSP).
sondage sismique profond : deep seismic sounding.

sonde – depth probe, logging tool, probe, sonde, tool.

sonder – probe (to), sound (to).

sondeur – depth sounder.
sondeur de sédiments : pinger probe.
sondeur sismique : subbottom profiler.

sondeuse – drill.

sonique – sonic.

sonographie – sonography.

Sonoprobe – Sonoprobe *(tradename of a marine echo sounder)*.

sortie – output, takeout.
sortie de couverture : roll-out.
sortie de gaz : gas seep.
sortie-papier : hard copy.

SOSIE – SOSIE *(acronym for SOurce SIsmique Encodée)*.

soumission – bid, tender.
soumission clé en main : turnkey bid.
soumission des tâches à distance : remote job entry.

source – source.
source de surface : surface source.
source implosive : imploder.
source impulsionnelle : impulsive source.
source-ligne : line source.
source longue : long source.
source mécanique : mechanical source.
source ponctuelle : point source.
source salée chaude : hot brine.

sourd – NR (no reflection).

souricière à tige – overshot.

sourire – smile.

souris – mouse, track ball.

sous – under.
sous-affleurement : subcrop.
sous-amorti : underdamped.
sous-biseau : toplap.
sous-compacté : undercompacted.
sous-échantillonner : decimate (to), subsample (to), undersample (to).
sous-porteuse : subcarrier.
sous-programme : subroutine.
sous-sol : subsurface.

spatial, spatiale – spatial.

spectral, spectrale – spectral.

spectre – spectrum.
spectre croisé : cross spectrum.

spectre d'amplitude : amplitude spectrum.
spectre d'intercorrélation : cross-energy spectrum, crosspower spectrum.
spectre de correction dynamique : normal-moveout spectrum.
spectre de fréquence : frequency spectrum.
spectre de phase : phase spectrum.
spectre de puissance : power spectrum.
spectre de raies : line spectrum.
spectre de vitesse : velocity panel, velocity spectrum.
spectre en quadrature : quadrature spectrum.
spectre facteur de puissance : power spectrum.
spectre optique : optical spectrum.

spéculaire – specular.

sphère perforée – cage.

sphérique – spherical.

sphéroïde – spheroid.

ssi – iff *(if and if only)*.

stabilisation – control.
stabilisation automatique de fréquence : automatic frequency control (AFC).
stabilisation de l'ondelette : pulse stabilization.

stabilité – stability *(of a filter)*.

stadia – stadia.

Stagarray – Stagarray *(tradename for a multi-air-gun array)*.

station – station.
station asservie : drift station, slave station.
station composite : array station.
station d'enregistrement : receiver point, recording station.
station de base : base station.
station de référence : base station.
station de télémesure : RTU (remote telemetry unit).
station directrice : master station.
station dirigée : drift station.
station mire tournante : turning point.
station pilote : master station.
station pilote principale ou émettrice : rate station.
station primaire : master station.
station secondaire : drift station.
station sismique complexe : phase-array station.

stationnaire – stationary, steady.

statique – static, static correction, time invariant.

statistique – statistical.

stéradian – steradian.

stochastique – stochastic.

stockage – storage.
stockage intermédiaire : intermediate storage.

stratification – bedding, earth layering, layering, stratification.
stratification des vitesses : velocity layering.
stratification entrecroisée : cross-stratification, crossbedding.

stratigraphie – stratigraphy.
stratigraphie sismique : seismic stratigraphy.

stratigraphique – stratigraphic.

stroboscoper – strobe (to).

structural, structurale – structural.

structuration par affaissement – collapse structure.

structure – structure.
structure conforme : conformable structure.
structure imbriquée : imbricate structure.
structure sédimentaire : sedimentary structure.
structure tabulaire : earth layering.

style tectonique – structural style.

submersion – submergence.

suintement – seepage.

superposition – superposition.

superviseur – supervisor.

suramortissement – overdamping.

surbiseau – downlap.

surcompression – abnormally-high pressure.

surcomprimé, surcomprimée – overpressured.

surdéterminé, surdéterminée – overdetermined.

suréchantillonner – reconstitute (to).

surface – area, surface.
surface (en) : areal.
surface aplanétique : aplanatic surface.
surface chronostratigraphique : time surface.

surface d'onde : wave surface, wavefront.
surface de diffraction : diffraction surface.
surface de faille : fault plane.
surface de séparation : interface.
surface de strate : stratal surface.
surface isochrone : isochronous surface.
surface isovitesse : isovelocity surface.
surface-temps : isochronous surface.

surplomb – overhang.

surpression – overpressure, supernormal pressure.
surpression (en) : overpressured.

surtension – overvoltage.

surveiller – monitor (to).

suspension à cardan – gimbals.

SVP (sismique au voisinage du puits) – WVP (well-vicinity profiling).

Syledis – Syledis *(tradename of a radio-positioning system).*

synchrone – synchronous.

synclinal – low, syncline, trough.
synclinal bordier : rim syncline.
synclinal d'avant-pays : foreland syncline.

syndicat – labor union, trade union, union.

synergique – synergetic.

synoptique – block diagram.

synthèse – synthesis.
synthèse de Fourier : Fourier synthesis.
synthèse harmonique : Fourier synthesis.

synthétique – synthetic.

système – system.
système asynchrone : asynchronous system.
système d'exploitation : operating system (OS).
système d'exploitation de disque : DOS (disc operating system).
système de codage : number system.
système intégré : integrated system.
système intégré de navigation : integrated navigation system.

Système international d'unités (SI) – International System of Units (SI).

t

table – table.
table à secousses : shake table.
table de rotation : rotary table.
table de vérité : truth table.
table traçante : plotting table.
table vibrante : shake table.
tables de Pons, tables stadimétriques : stadia tables.

tableau – panel, table.
tableau d'analyse de vitesse : velocity panel.

tâche – job.

tachéomètre – tachometer, transit.

taches (composition en) – smear.

talon – heel, shoulder, stub.

talus continental – continental slope.

tambour – drum.
tambour asservi : slave drum.
tambour de treuil : reel, winch reel.
tambour magnétique : magnetic drum.

tampon – buffer.

tangage – pitch.

tangentiel, tangentielle – tangential.

tangon – boom.

taphrogenèse – taphrogenesis.

tare – bias.

tarière – auger.

tassement – compaction.
tassement différentiel : differential compaction.

taux – rate, ratio.
taux d'échantillonnage : sample rate, sampling rate.
taux d'expansion : rate of expansion, release rate.
taux de distorsion : percent distortion.
taux de protection : protection ratio.
taux de transfert : burst rate.

TD (temps double) – TWT (two-way time).

tectonique – tectonics.
tectonique cassante : block structures, fault tectonics.
tectonique de couverture : fold tectonics, sedimentary-cover structures.
tectonique de fond : deep-seated structures.
tectonique de plaques : plate tectonics.
tectonique des plaques : global tectonics.
tectonique globale : global tectonics.
tectonique salifère : salt tectonics.

télédétection – remote sensing.

télémesure – telemetering, telemetry.

télémètre – range finder.

télémétrie – ranging.

télétraitement – remote job entry (RJE), remote processing, teleprocessing.

TELSEIS – TELSEIS *(tradename for an analog radiotelemetry system).*

témoin d'hydrocarbures – hydrocarbon indicator.

température de fond de trou – BHT (bottomhole temperature).

temps – time.
temps à l'origine : intercept time, reduced traveltime.
temps à la gueule du trou : bugtime, uphole time, vertical time (VT).
temps d'accès : access time.
temps d'amorce : cap break.
temps d'arrivée : arrival time.
temps d'écoute : listening period.
temps d'effeuillage : peel-off time.
temps d'exécution : run time.
temps d'expansion : relaxation time, release time.
temps d'intervalle : interval time.

temps d'ouverture : aperture time.
temps de parcours : transit time.
temps de positionnement d'un disque : rotational latency.
temps de réaction : aperture time.
temps de recherche : latency, search time.
temps de relaxation : relaxation time.
temps de remontée de boue : lag time.
temps de réponse : latency, response time.
temps de retour inverse : reciprocal time.
temps de tir : shooting rate.
temps de trajet inverse : reciprocal time.
temps de traversée d'une couche : interval transit-time.
temps des trajets réciproques : reciprocal time.
temps double (TD) : two-way time (TWT).
temps enregistré : record time.
temps initial : zero time.
temps moyen de dépannage : mean time to recovery (MTTR).
temps moyen entre pannes : mean time between failures (MTBF).
temps partagé (en) : time sharing.
temps rapporté au plan de référence : fiducial time.
temps réduit : reduced traveltime.
temps réel : real time.
temps simple (TS) : one-way time (OWT).
temps vertical : bugtime, TSP (time at the shotpoint), uphole time, vertical time (VT).
temps zéro : shot break.

tendance – tendency, trend.

teneur en argile – clay content, shaliness.

tenseur – tensor.
tenseur des contraintes : stress tensor.

tension de polarisation – bias.

tenue – resistance, strength.

terme croisé – crossproduct term.

terminal – terminal.
terminal à écran : console.
terminal intelligent : intelligent terminal.

terrain – field, land.

terre – earth, ground.
terre (à) : onshore.

terrestre – onshore, terrestrial.

test – check, test.
test de continuité : continuity test.
tests de qualité : benchmark.

tête – head.
tête d'effacement : erase head.
tête magnétique : magnetic head.
tête magnétique mobile : movable head.

têtière – label.

texture – grain, packing, texture.

théodolite – theodolite, transit.

théorème de Nyquist – Nyquist's theorem, sampling theorem.

théorie – theory.
théorie des déformations infiniment petites : infinitesimal-strain theory.
théorie du signal : signal theory.

thixotropie – thixotropy.

three-D log – three-D log *(tradename for a three-dimensional velocity log)*.

Thumper – Thumper *(tradename for a weight-drop device)*.

tige carrée – kelly.

tir – blasting, firing, shooting, shot.
tir à distance : remote firing.
tir au centre : split-spread shooting.
tir au pendage : dip shooting.
tir au pigeon : turkey shoot.
tir dans une boule : cage shooting.
tir de bruit : noise analysis *(seismic)*, noise test, wave test.
tir de calage : check shot.
tir de mini-réfraction : poop shot.
tir de petite réfraction : weathering shot.
tir de réfraction miniature : poop shot, short shot.
tir déplacé : skidded shot.
tir déporté : lateral-offset shooting, offset shooting, skidded shot.
tir direct : direct shot.
tir élémentaire : subshot.
tir en arc : arc shooting.
tir en bout : end-on shooting, off-end shooting.
tir en croix : cross-spread shooting.
tir en éventail : fan shooting.
tir en l'air : air shooting.

tir en mer : offshore shooting.
tir en nappe : multiple shot, pattern shooting.
tir en surface : surface shooting.
tir inverse : reverse shot.
tir multiple : multiple shot.
tir par-dessous : undershooting.
tir par en-dessous : shooting under.
tir par radio : radio firing.
tir Poulter : Poulter method *(air shooting)*.
tir-réfraction radial : radial refraction.
tir-vitesse : velocity profile, velocity survey.
tirs direct et inverse : reverse control, two-way control.

tirage – hard copy, printing.

tirer – shoot (to).
tirer trop court ou trop long : overshoot (to).
tirs réciproques : reverse control.

tolérant – robust.

tomber (faire) – drop (to).

tomographie – tomography.

Tomoseis – Tomoseis *(tradename for a technique for making time-slice maps)*.

topographe – surveyor.

topographique – topographic.

Toran – Toran *(tradename of an electrical radio-positioning system)*.

touche (d'un clavier) – key.

tour d'enchères – round of bidding.

touret – drum, reel.

township – township *(a unit of area of 36 square miles)*.

trace – geophone group, plot, spur, station, trace, track.
trace complexe : complex trace.
trace de gain : gain trace.
trace de gain logarithmique : log-level indicator.
trace en profondeur : subsurface trace.
trace en quadrature : quadrature trace.
trace folle : wild trace.
trace galvanométrique : squiggle, wiggle trace.
trace impulsionnelle : reflectivity function, spikogram.
trace lointaine : far trace.

trace morte : dead station, dead trace.
trace non stabilisée : wild trace.
trace-pilote : pilot trace.
trace proximum : near trace.
trace raide : dead trace.
trace remotum : far trace.
trace-somme : stacked trace.
trace synthétique : synthetic trace.
trace-terrain : group.
traces à déport long non migrées : unmigrated large-offset data.
traces déphasées : phase-shifted traces.
traces en déport proche migrées : migrated near-offset data.
traces regroupées en point-miroir commun : CDP collection, CDP gather.

tracé des rayons – ray tracing.

traceur – plotter.
traceur de route : track plotter.
traceur électrostatique : electrostatic plotter.

traction – traction.

traditionnel, traditionnelle – conventional, traditional.

train – train.
train d'onde : wavetrain.

traîneau sur ponton – skid.

traitement – processing.
traitement adaptatif : adaptative processing.
traitement du signal : wavelet processing.
traitement en différé : offline processing.
traitement multicanal : multichannel processing.
traitement multitâche : multiprogramming.
traitement par le signal : wavelet processing.
traitement par lots : batch processing.
traitement parallèle : multiprocessing.
traitement radial : radial processing.
traitement réparti : distributed processing.
traitement sur le terrain : field processing, processing in the field.

trajectoire – path, trajectory.
trajectoire sismique : raypath.

trajet – path.
trajet de Fermat : Fermat path.
trajet de moindre durée : least-time path.

trajet de temps minimal : least-time path, minimum-time path.
trajet extrémal : travel path.
trajet oblique : wave-slant path.

trame – raster.

tranche – slice.

transcripteur – decoder.

transcrire – transcord (to), transcribe (to).

transducteur – transceiver, transducer.

transfert – transfer.

transformation – transduction factor, transformation.

transformée – transform.
transformée de Fourier : Fourier transform.
transformée de Fourier inverse : inverse Fourier transform.
transformée de Fourier rapide : Fast Fourier Transform (FFT).
transformée de Hilbert : Hilbert transform.
transformée de Laplace : Laplace transform.
transformée en z : z-transform.

transformer – transform (to).

transgression – transgression.

transistor – transistor.
transistor à effet de champ : field-effect transistor (FET).

transitoire – transient.
transitoire d'entrée en couverture : roll-in.
transitoire de sortie de couverture : roll-out.

transmettre – send (to), transmit (to), xmit (to) *(abbreviation of to transmit)*.

transparent – overlay.
transparent de porosité : porosity overlay.

Transploder – Transploder *(tradename of a seismic-energy source)*.

transport – transport.

transversal, transversale – transverse.

travers (par le) – broadside.

traverse – traverse.

tréfonds – subbottom layer.

tremblement de terre – earthquake.

trépan – drill bit.
trépan à molettes : roller bit.
trépan à rouleaux : roller bit.
trépan en queue de poisson : fishtail bit.

très basse fréquence – ELF (extremely low frequency), VLF (very low frequency).

triade – triad *(three stations constituting a positioning system).*

triangle sphérique – spherical triangle.

triangulation – triangulation.

tricône – rockbit, three-cone bit.

trigonal – trigonal.

trilatération – trilateration.

trois – three.
trois dimensions (à) : three-dimensional.

troncature d'érosion – erosional truncation.

tronqué, tronquée – clipped, truncated.

troposphérique – tropospheric.

trou – borehole, hole.
trou (d'information) : skip.
trou (en) découvert : open hole.
trou de serrure : keyseat.
trou de tir : shothole.
trou non tubé : open hole.
trou ouvert : open hole.

TS (temps simple) – OWT (one-way time).

tsunami – tsunami.

tuba – snorkel.

tubage – casing.

turbidite – turbidite.

u

UAL (unité arithmétique et logique) – ALU (arithmetic logic unit).

UC (unité centrale) – CPU (central processing unit).

un, une – one.

Uniboom – Uniboom *(tradename of an offshore seismic-energy source).*

union – union.

Unipulse – Unipulse *(tradename of an offshore seismic-energy source).*

unité – unit.
unité arithmétique et logique (UAL) : arithmetic logic unit (ALU).
unité centrale : central processing unit (CPU), main frame.
unité pilote : pilot plant.
unité principale : main frame.
unité réduite : dimensionless unit.

usage (à) exclusif – dedicated.

V

vague – water wave, wave.

valeur – value.
    valeur efficace : RMS value.
    valeur propre : eigenvalue, latent root.

valide – live.

vallée – valley.

Vaporchoc – Vaporchoc *(tradename of an offshore seismic-energy source).*

variable – variable.
    variable d'état : state variable.

variance – statistical variance, variance.

variant avec le temps – TV (time-variant).
    variant dans le temps : time-variable, time-variant.

variations latérales – lateral variations.

vase – mud, slime.

vecteur – vector.

véhicule de marais – marsh buggy.

vélocimètre – motion-sensitive geophone, velocimeter.

Velog – Velog *(tradename of a pseudo-acoustic log).*

vent – wind.

vérification – check, diagnostic check.

vérifier – check (to).

véritable – true.

vernal, vernale – vernal.

vernier – vernier.

verrouillage – interlock, lock-on, locking.
verrouillage de phase : phase lock.

verrue – patch.

vertical, verticale – vertical.

VFI (virgule flottante instantanée) – IFP (instantaneous floating point).

vibrateur – vibrator.
vibrateur-pirate : correction vibrator.

vibration – strum, vibration.

vibro – vib *(abbrev.)*, vibrator.

Vibroseis – Vibroseis *(tradename of a vibroseismic shooting method)*.

vibrosismique – vibroseismic method.

vidage (faire un) – dump (to).

vider – dump (to).

virgule – comma.
virgule fixe : fixed point.
virgule flottante : floating point.
virgule flottante instantanée : instantaneous floating point (IFP).

viscoélasticité – viscoelasticity.

viscosité – viscosity.

visée – shot, sight, sighting.
visée arrière : backsight.
visée inverse : backsight.
visée latérale : side shot.
visée sur le soleil : sun shot.

viser – aim (to), shoot (to) *(topog.)*.

visu – monitor.

visualisation – display.

visualiser – display (to), visualize (to).

visuel – display device.

vitesse – rate, speed, velocity.
vitesse à la surface de référence : datum velocity.
vitesse amont : updip velocity.
vitesse apparente : apparent velocity.
vitesse aval : downdip velocity.
vitesse d'addition : NMO velocity.
vitesse d'homogénéité : homogeneity velocity.
vitesse d'intervalle : interval velocity.
vitesse de comblement : replacement velocity, subweathering velocity.
vitesse de correction d'obliquité : NMO velocity.
vitesse de défilement : tape speed.
vitesse de déroulement : tape speed.
vitesse de groupe : group velocity.
vitesse de phase : phase velocity.
vitesse de propagation : propagation velocity, wave velocity.
vitesse de remplacement : subweathering velocity.
vitesse de réponse : slew rate.
vitesse de sommation : stacking velocity.
vitesse de suite : slew rate.
vitesse de tranche : interval velocity.
vitesse instantanée : instantaneous velocity.
vitesse maximale d'alimentation : slew rate.
vitesse moyenne : average velocity.
vitesse quadratique moyenne : RMS velocity.
vitesse sous zone altérée : subweathering velocity.

voie – channel.

vol de cycle – cycle stealing.

volcan – volcano.
volcan de boue : mud volcano.
volcan de sable : sand volcano.

voltmètre – voltmeter.
voltmètre à tube à vide : vacuum-tube voltmeter.

volume – volume.

W

WASSP – WASSP *(tradename of a seismic-energy source).*

Whacker – Whacker *(tradename of an earth impactor used as a seismic source).*

Wide-line profiling – Wide-line profiling *(tradename for a technique for obtaining three-dimensional data).*

WZ – weathered layer.

y

Young (module de) – Young's modulus.

yo-yo – yo-yo *(method of offshore seismic shooting).*

Z

zénith – zenith.

zéro – zero.

zone – area, zone.
zone à petite réfraction : low-velocity zone (LVZ).
zone altérée : aerated layer, low-velocity layer (LVL), low-velocity zone (LVZ), weathered layer, weathering.
zone altérée double : double-layer weathering.
zone aveugle : blind zone.
zone d'équilibre statique : stillstand.
zone d'imbrication : imbricate zone.
zone d'intérêt : prospect.
zone d'ombre : blind zone, shadow zone.
zone de fracture : fracture zone.
zone de Fresnel : Fresnel zone.
zone de raccord : merge zone.
zone de subduction : subduction zone.
zone en extension : pull-apart zone.
zone envahie : flushed zone, invaded zone.
zone faillée : fault zone.
zone productive potentielle : prospect.
zone productrice : pay zone.
zone prospective : prospect.
zone sans réflexions : transparent zone.
zone sourde : blind zone, shadow zone, wipe-out zone.
zone transparente : transparent zone, wipe-out zone.
zone utile : effective zone, fairway.

ACHEVÉ D'IMPRIMER
SUR LES PRESSES DE
L'IMPRIMERIE CHIRAT
42540 ST-JUST-LA-PENDUE
EN AVRIL 1987
DÉPÔT LÉGAL 1987 N° 3034
N° D'ÉDITEUR 749

IMPRIMÉ EN FRANCE